Enchanter

银 千 特

Island
Vol.10
岛

ⓒ 郭敬明　2008

图书在版编目（CIP）数据

岛（Vol.10）/郭敬明主编. —沈阳：春风文艺出版
社，2008.3
　ISBN 978-7-5313-3317-3

　Ⅰ.岛… Ⅱ.郭… Ⅲ.文学—作品综合集—中
国—当代　Ⅳ.I 217.1

中国版本图书馆 CIP 数据核字（2008）第 015667 号

l5land　工作室
总体策划：郭敬明　美术总监：Mint.G　文字总监：郭敬明
文字编辑：落落　痕痕　阿亮　美术编辑：Mint.G adam Alice.L

地址：上海市杨浦区大连路 950 号 1505
电话：021-33770048　邮编：200092

文字投稿信箱：wen1@zuibook.com　　wen2@zuibook.com
　　　　　　　wen3@zuibook.com
图片投稿邮箱：pic@zuibook.com

岛（Vol.10）

责任编辑　王　平
封面设计　adam Mint.G（from 柯艾文化）
版式设计　阿　亮
出版发行　春风文艺出版社
社址　沈阳市和平区十一纬路 25 号　　邮编　110003
http://www.chinachunfeng.net
编辑　布老虎青春文学
主页　qingchun.chinachunfeng.net
Email：qingchun2003@sohu.com
联系电话　024-23284393
传真　024-23284393
印刷　北京爱丽精特彩印有限公司
幅面尺寸　168mm×235mm
字数　349 千字
印张　12
版次　2008 年 3 月第 1 版
印次　2008 年 3 月第 1 次印刷
定价　20.00 元

银千特
【Enchanter：使用妖术的巫师】
文/郭敬明

月光下的白银骑士和沼泽里的妖术行者

万千游动的银光，是你发亮的眼。
沉默的星状灵魂，在梦境里飞行。

被咒语和盔甲镶嵌起来的荣耀，在战争里铸造起王国。
白银骑士以及妖术行者。
大地在千万年前并不是荒芜的冰原。只是慢慢地我们都走向了同样的巨大的寒冷。
眼泪的温度在风声里消散，热血凝固成尖锐的刺，突兀在心脏深处。
之后的百年，千年，尘土和喧嚣把城镇装点。有绿色的蔬果和温暖的布匹开始出现在繁华的市集。

我们存在过的宇宙，星尘缓慢流徙，发出飞鸟般尖锐的鸣叫。
凝固在没有空气的宇宙中，无法传递往更远的空间。
我们存在过的大地，参天的森林和蔓延的高草，在大火里变成银白色的灰烬。
我们存在过的时间，是永恒的滴答滴答的沙漏。

把回忆的长箭瞄准某一颗温暖而软弱的心。
然后松开用力的手指。

Collection

CONTENTS

I5land

Vol.10

银千特

Enchanter

Editor in chief _ Jingming Guo
Artworks _ Mint.G & adam.X & Alice.L
Editor _ Henhen & Liang
Photo _ Zebra

你的一生如此漫长
Written by 郭敬明
Artworks by adam.X

在你年幼的时候，你刚刚开始懂得这个世界，你会害怕黑暗，害怕分离，害怕所有未知的旅途，害怕死亡，害怕如此短暂的一生。而多少年过去后，你明白了，你的一生将如此漫长。那些你所害怕的东西，它们才是这个世界上永恒的存在。

于是你慢慢地闭上眼睛，唱起了黄昏里久远的歌曲。那些音符在时间的河流里被冲刷得洁净清香。你想起了下着小雪的黄昏，还有秋天里沉甸甸的麦田。

白云又慢慢地飘过天空了。

01

该如何开头，才会显得不那么做作。我思考了很久这个问题。

关于这个世界的最早的一瞥，是黑夜里乌云翻滚的天空。那个时候的自己，在母亲的怀里沉睡，额头滚烫，母亲抱着我深夜走往医院。父亲在旁边举着伞挡在母亲的前面，大半个身子暴露在瓢泼的大雨里，湿淋淋的衣服贴在身上。他们心急如焚地在黑夜里穿行。闪电在瞬间照亮一大片天空。

于是好多年就这样过去了。

这样的夜晚在我幼年的岁月里无数次地重现。

而更多的年月过去之后，父亲依然撑着伞，挽着母亲在街上走过。他们身体里的时间像夕阳一样流进遥远的地平线。他们并没有像当年一样，脚步急促地走在大雨里。

他们在黄昏绵密的细雨里，沉默而依偎地前行。

而随着我的成长而日渐老去的那个小城，却在灰烬里慢慢得变得灰蒙。出租车的价格依然停留在起步5块的标准，好像差不多10块钱就可以跑过所有的市中心。除了变得灰蒙，好像也没有更多的变化。

除了出现了两个最新的四星级酒店。还有一些突兀的播放着刀郎混音版电子乐的夜店。

门口常常都可以看见化着浓妆的女生弯腰张口呕吐，眼影在眼眶周围化开来，被眼泪冲散。

而当年他们怀里的那个小孩，现在远在中国最东面的上海。他裹着被子在沙发上看一本《德语课》。房间里除了他自己低沉的呼吸外，还有挂钟滴答滴答的声响。

他站起来打开房间里的加湿器，整个冬天都在运转的中央空调，让他的皮肤变得干燥难耐。

他发现自己其实并不喜欢冬天。

但如果下起雪，说不定能喜欢上。

"整个天地都轻轻地发出些亮光来。"他想起刚刚写过的，关于下雪的句子。

02

我最近总是回忆起以前的自己。非常非常频繁地发生这样的情况。

想得多了，往往会半夜起来上网搜索自己以前的讯息。看到很多当时的新闻，看见很多曾经的痕迹，看见留着黑色刘海的自己，对着镜头紧张地抿紧嘴巴。看见19岁的自己穿着平价的衣服站在镜头前面假装成熟假装见过世面般的镇定。看见在无数刀剑拳脚下轰然倒地的自己。然后又看见他擦了擦额头上的泥土，然后慢慢站了起来。

在这样的时候，往事总是像是被闷热的雨天逼迫着搬家的蚂蚁一样，从幽暗的洞穴里排队爬出来，整齐地从我的心脏上爬过去。

它们路过的时候，都会转过头来怜惜地看着我，伸出它们的小手摸摸我的头。

它们说：我都懂。

它们说：要加油。

03

念小学的时候，我是班里写作文最好的一个。

每一个星期的周五下午，会有两节作文课，那是我每周最开心的日子。小学教室的黑板边上，有贴着课程表。每次去旁边的垃圾桶丢垃圾的时候，我都会用眼光很快地扫一下"作文课"那三个字。

小学的时候认真地写每一次老师布置的作文。无论是写学校旁边公园里举行的花卉展览，还是去烈士陵园扫墓。每一次学校组织活动出发的时候，老师都会叫我们带上纸和笔，把需要写作的素材记录下来。那个时候有很多的同学，就随便带上一本软塌塌的作业本，然后口袋里放一支铅笔。还有更顽劣的男生，会随便撕下一页纸，然后塞进口袋里。

但是我都是拿着我书包里最好的一个硬面抄的笔记本，那是我参加区里面的作文比赛得来的奖品。

那个时候我才八岁或者九岁。

小小的自己，为了得到老师的表扬和赢得赞美的目光，于是非常装腔作势地拿着笔，把自己想要写的记录下来。

那个时候，当我蹲在花坛边上抄写着那些花朵的名字和植物资料时，当我趴在墙壁上把所有烈士的资料抄写下来时——

当我写着"今天阳光灿烂，白云一朵一朵轻轻地飘在天上，像欢快的绵羊一群又一群，学校带领全校同学一起去了公园欣赏牡丹"，或者是"烈士陵园里安静极了，我们依次把自己做好的纸花放到

烈士们的墓前，当我们听到老师讲起烈士们的英雄事迹的时候，很多同学都流下了感动的热泪。我们想，长大了也一定要像他们一样，保家卫国。"

当我听见小学语文老师用标准的普通话在全班同学的面前朗读我的文章的时候，我并没有想过有一天，这个蹲在花坛边抄写"洛阳春的芽尖而圆；朱砂垒的芽呈狭尖型"的自己，有一天会因为这样的写作，而走上那条无限柔软，但也异常粗糙的红毯。

记忆里最鲜明的那个句子，被老师用标准的普通话朗读在空气里：

——那是最盛大的一个夏天，烈士陵园的绿色沉重而庄严。阳光慷慨富足，像海潮般拍打向每个人的胸膛。而白云依然静默，停留在广袤的苍穹。

但无论是走过红毯，抑或跋涉于寒冷的冰原，这些都是非常非常遥远的将来了。

而那个时候发生的事情是，老师让我们班上五个写作文最好的同学向少年先锋报投稿，四个同学的文章都发表了。

我是唯一一个，没有发表文章的那个同学。

那天放学的时候，我背着小书包跑去了学校后面的一个花坛。

我在花坛边上低着头坐了很久，等到太阳差不多快要落山，才站起来匆忙地跑回家。

嘈杂的声音，在放学后最后一次铃声里变成无数密密麻麻的刺，扎在我年幼而自卑的心脏上。

04

在那之后又过了很多年。

我念初二了。

我有了第一双LINING的运动鞋。

我开始觉得佐丹奴和班尼路是名牌的衣服。那个时候还没有美特斯邦威，也没有森马。曾经用存了很久的零花钱，买了一件佐丹奴98块的背心。

在同样的这一年里，我发表了一首很短很短的诗歌在杂志上。

当我怀着按捺不住的激动把杂志翻到我文章的那一页，指着我的名字给我同学看的时候，他眉飞色舞："哈哈，好巧，和你同名同姓呢。"

05

我们都会说，只要一路撒满了面包屑，就可以在飞鸟啄食干净之前，沿路寻回当初的道路。但是我们却忽略了，每一颗细小的碎屑，其实和灰尘并没什么两样，揉进眼里，都同样可以流出泪来。

06

初中的时候看《十七岁不哭》，把里面好多好多的句子抄在自己的日记本上。也曾经在被电视剧里的青春感动得痛哭不已，倒在沙发上把手深深地塞进沙发靠垫的缝隙，眼泪一颗一颗滚出来，之后，却不得不因为上课快要迟到而匆忙地出门。喉咙还在哽咽着，眼泪还挂在脸上没有抹干净，就这样冲进教室。

学着电视里高中生的样子打着手电筒躲在被子里写日记。虽然初中生的自己并没有住校，不需要断电，也没有老师会来查寝。

但是却一味地想要成为他们。成为肆意挥洒着青春的他们。

想要成为更加成熟的存在。

那种带着崇拜的，近乎仰望的心情。把对高中生美好青春的向往，折射进心里变成巨大的憧憬。

把自己编造的故事规矩地写在红色的稿纸上，装进沉甸甸的信封然后投进邮筒。

那个时候非常不容易买到红色的正规稿纸。那个时候的学生都开始用花花绿绿的信纸来写信，那个时候开始有了西瓜太郎的铅笔和韩国的笔记本。学校门口的文具店老板，每次都会从角落里抽出一叠很厚的落满灰尘的文稿纸卖给我。我把它们塞进我的书包。

之后每天都会去学校的信箱看看有没有自己的信。

一个月，两个月，四个月过去。最后终于确定又一次地石沉大海。

我在夕阳西下的时候，站在学校的信箱前踮起脚尖往缝隙里看。

影子安静地拓印在水泥地面上。

风把它吹得摇晃。

下午六点安静的校园。零星的人群缓步走过我巨大的失落和泪水。

这些都是被揉进了眼睛的面包屑。

07

参加新概念作文大赛的时候，父母并不知道，学校也不知道。

周围的同学和朋友却知道。

他们有各种各样的表情。鼓励的，加油的。

也有讽刺的，嘲笑的，冷漠的。

我并不会像其他的获奖者说的那样，自己随便写写，然后就拿了大奖。

我是很认真地想要拿第一名。用尽全力地，朝向那个最最虚荣的存在。我写了整整7篇五千字的文章。我买了七本杂志，剪下七张报名表。

我在六个月后一个人背着黑色的巨大书包飞向上海。

那是我第一次看见飞机巨大的机翼，在黑色的夜空里翅膀前端闪烁的灯光，跳动牵引着我心脏的频率。

08

请你把回忆与现在折叠。

请你把虚荣和梦想对称。

请你把天空和大地拆解。

请你把荣耀与孤独背负。

用沉默的重量。

请你随我一路走向荒无人烟的尽头，飞往寒冷覆盖的辽阔冰原。

光与墨的终点。

09

后来我的故事被放大在镁光灯下。记录在文字照片和视频里。

你是一个什么样的人已经不重要了。

重要的是，你在扮演一个什么样的人。

你要穿着华服，你要温文尔雅。

你要悲喜不惊，你要容忍包容。

一路丢盔卸甲，却在同时为内心装上更坚固的铁壁。

10

也不是没有过想要放弃的时候——

在很多个晚上，因为写不出来而把键盘重重地摔向地面。

在很多的场合，被镁光灯照得睁不开眼的同时，被突然迎面刺来的攻击问题弄得措手不及的时候。

在看到我的读者冲到我面前，举起我的书，然后用力撕成两半的时候。

在曾经低潮的时候，面对着签售台前三三两两的冷眼旁观的读者不知所措的时候。

在面对突然从签售人群里冲到面前来指着我说"你有没有觉得自己很不要脸"的时候。

在看见自己的文章被人稍微改动几句，然后贴在网上说是另一个作者文章里的句子，引出的结论是"这就是郭敬明抄袭她的证据"，在哑口无言的时候还有更深的愤怒，不知情的人在回帖里尽情地表达对我的羞辱。我自己明白那个作者的原文根本不是这样，但并不是所有人都知道。我之所以那么清楚，是因为那个他们认为的我抄袭的对象作者叫七堇年，那篇他们叫嚣着被抄袭的文章是我审核出来的发表在《岛》上的《睡在路上》。在把鼠标重重地摔向墙壁的时候，我的眼泪还是流出了眼眶。

在被密密麻麻关注的目光缠绕拖曳，拉向更寒冷的深海峡谷的时候。

有很多很多这样的时候，悲哀的事实掩藏在那些看似漂亮的虚假表面之下，像是被锦缎包裹的匕首，温暖而又无锋。

11

我人生的第一场签售会是在我20岁的时候。

《幻城》的出版在当时引起了轰动。包括我自己在内，谁都没有想过《幻城》可以成为当年横扫图书市场的年度畅销第一。

那个时候出版社问我是否愿意签售，我必须要说，在那个时候，我并不是很清楚签售的意思。

而当我背着自己的背包，走进会场的时候，我在下意识里一瞬间抓紧了自己的书包。

12

有很多的形容可以去比喻，去模拟。

轰鸣声。

飞机起飞的震动声。

海啸声。

飓风卷过森林的涛声。

面对台下潮水样起伏的人群和他们口中呐喊的我的名字，20岁的自己没有学会甘之如饴。

我谨慎地签着早早就练好的签名，为每一个人写上他们的名字，还有他们期望的，从我们这里得到所有相关的祝福。

有写下过"希望拥有永远纯净的心"。

也有"恭喜发财"。

那个时候的自己，没有助理，没有经纪人，自己独自坐在书店的休息室里，采访我的记者随便问了我几个问题就匆匆离去。剩下一个在报社实习的中学生，非常有兴趣地留下来采访我。

那个时候我结束了签售会后会留在书店里看书，蹲在书架前面翻阅，周围的人也不太会认得我，也可以和几个留下来的读者一起逛街，有几次还和他们一起唱过歌，在狭小的KTV房间里，我们一起吃水果，大家抢着麦克风。

那个时候我还会站在学校的信箱面前看里面的来信，看见陌生人的信封我依然特别激动。

那是四年前的我。

而现在公司的桌子上堆着一座小山一样高的信笺。我每次望向它们，都会听见那种类似倒计时的声音。它们在说，开始倒数咯。

13

那个时候自己眼里潮水一样多的拥挤人群，和后来的，没办法比。

当我拥有了更多人的喜欢，我却发现，我开始没有机会去回报这些喜欢。

当年我还可以从容地写下每个人的名字，而现在，我却只能匆匆地签下自己的名字，刚刚抬起头想要对对方微笑，而对方年轻的面容已经消失在保安围绕起来的安全界限之外。

依然是轰鸣声。海啸声。

飓风卷过森林的涛声。

还有心里不知道从什么时候开始的，滴答滴答的倒计时声音。

14

2月3的时候，早早地起了床。洗澡洗头之后，开始挑选衣服准备去出席萌芽新概念作文大赛十周年的庆典。

在拿着吹风机嗡嗡地吹着自己湿漉漉的头发的时候，我突然发现，好像这还真是两三年来自己第一次为了没有钱拿的活动而如此认真甚至早起。

挑了正式的礼服衬衣却搭配了休闲的白色牛仔裤，因为怕显得太过庄重而冷漠。却也别上了宝石的领针以显示我的重视。

去楼下的星巴克买了滚烫的拿铁和一份蓝莓水果点心。

咖啡因缓缓流淌进身体里，面前的几堆积雪也随着目光的清晰而越发锐利起来。

我坐在星巴克的落地玻璃边上发呆。

小区的开放式广场上，有环卫工人在用水冲洗着地面，不知道为什么那些水在地面上冒出迷蒙的蒸汽来，像是被人泼了热水在地上。

迷蒙的雾气像是把时间都凝固一样。

我窝在宽大的沙发里，无聊地翻来翻去，感觉像是在一张巨大的床上面。

还是可以感觉到幸福的。

比如这样的清醒的清晨。

1点多的时候助手打电话告诉我车在楼下等了。我飞快地披好大衣，跑下楼去。

我想，我将要面对十年前的自己了。

车子开上高架，连续下过很多天大雪的上海，变成一片白茫茫的荒原。所有的楼宇和绿地，都覆盖着一层柔软的白雪。一直以来锐利而冷漠的上海，难得露出了温柔的面貌。路边有很多的雪人，有些新鲜干净，有些已经慢慢化成了一摊黑色的雪水，留下萝卜做的鼻子和纽扣做的眼睛。

整个城市感觉像是刚刚看过的《黄金罗盘》里那些巨大的寒冷冰原，我和助手小叶开玩笑说很可能随时都会有一头北极熊跳到高架上来，而且它还穿着盔甲。

15

在无数的闪光灯和镜头之下，我是那个他们眼里了不起的作者，头发有一丝乱了，也会有人上来帮你重新弄好。衣服有了褶皱，也会有人小心地提醒。

并不舒服的坐姿却可以在镜头上好看。

稳妥的回答虽然虚假，但却不会惹来任何的麻烦。

七年前我站在同样的一块领奖台上，端着一块小小的奖牌，第一次对着那么多记者的相机努力地微笑。

而七年过后，我变成一个精雕细琢的玻璃假人，扮演着一个他们想要成为的憧憬。

一个小时之后，我回到家里，心情轻松地卸掉脸上的妆，把帽子往仔细打理好的发型上一套，然后就快乐地出门了。

我要回家。17点40的航班，飞往四川。

一路上我像个开朗的少年，提着包，享受着放假回家的激动。

16

童话故事里说，王子拿着宝剑慢慢地走过田野，开始的时候是金黄的秋天，沉甸甸的麦穗是厚重的喜悦。后来变成了冬天，荒芜把世界一下子吞掉了。王子没有停下他的脚步，他只是坐下来稍微歇了一会，然后就抬起手擦了擦眼睛，继续拿着宝剑朝前面走去。

我们并不知道他的结局，只看见了在他身后缓慢变化的四季。

绿色的春天燕子在屋檐下衔来泥土。

炎热的夏天湖水像深海宫殿里的矢车菊一样发蓝。

又到了金黄的秋天，落叶像是飞舞的蝴蝶。

然后是我们都不喜欢的冬天。

不知道在第n个冬天里，王子的脚印消失在了茫茫的大雪里。那把宝剑插在某一条分叉路口，依然闪烁着锋利的光芒。

他一定去了某一个他想要去的地方。虽然我们找不到他，但我们知道，他一定过着幸福快乐的生活。

17

闲来春雨秋风凉，一过淮河日影长。院落黄发跳石阶，石阶青绿转鹅黄。

默默蝉声藏，转眼一季忙。大雪满朔北，胡笛又苍凉。

曾经少年不知愁，黑发三日薄染霜。

梦里过客笑眼望，望回廊，秋螽藏，人世短，人间长。

>>>I51—end

逢魔
Written by 落落
Artworks by adam.X

　　混沌的光，呼进肺叶的空气还未曾被吐出，整面的云墙在崩塌前维持完整，空洞渐变向寂寞的某个过程中。一颗露水击穿覆盖地表的雾壳，隐形的波纹在树丛间传播反弹，传播后反弹。遇见凹凸不平的花苞，敲向三点二十分的钟面。

　　我们的感知总是将三点前以为夜，而四点后归入晨。

　　留下三点后与四点前的时间，既非夜晚也非白昼，如同两个话题中间的停顿，只游过飞虫腹尾的弧线，凝视它的片刻，笑容缓慢收敛角度。直到在日光之下，平静地醒来。

　　既非。也非。

　　很多年来我们回忆起以往种种，河流上耀眼着爱或死的诗篇，大起大落的内容被盛装渲染。欢娱，兴奋的激动的。恋爱宣告开场的一秒，夺冠之后，抽奖时被万分之一的几率光顾，人群中一次或某次忍不住握拳欢呼。那些犹如被强音伴奏的篇章，仿佛拉开日光的帘，宣告某个明媚白昼的开始。而绝望同样深刻，偶尔的迷失，真正的悲痛，错误或困惑带来的黑暗期，仿佛握着电视遥控，将画面切换在各个"再见"的完结提示中，简单的七色图案也能酝酿出泪感。

　　最好的与最坏的，大笑和哭泣，黑与白，它们占据大部分记忆，标志鲜明所以无需努力回想，在水面上以连绵的波光连成刺眼的鳞片。

　　剩下，既非最好的，也非最坏的。既非大笑，也非哭泣。既非潮湿闷热的夜幕，也非干燥沙质的晨曦。收拾步履。

　　时至今日，出版社寄来自己的样书，厚厚的几十本同一种，用剪刀剪开封条后，我把它们堆在厨房，一扇埋着下水管道的储物门后。下水管道很争气地从不故障，所以也迟迟地没有光顾那里的机会。而更早以前的出版物，混进大堆的光盘游戏和塑料袋，轻易地看不到。习惯于极少回顾，哪怕在书店里也不过用手指捏一捏自己书的封皮，然后匆匆低头走开。

　　可写作依然是目前我唯一的生活。衔接于任一个黑夜和白昼。保留悲或喜的表情。切换在各种音乐中间。抓住微渺的尘屑发出巨大感叹，或者反之将感叹尘屑般吹远。

　　如果说小时候我曾经有过隐于心底的怀疑，其他方面都毫无建树的自己，会否在将来走上真正以文字为生的路。但一个过高过远的目标，甚至不属于"平凡"的范畴，被生活琐事包围的人，翻开每一页，上面写着车站站名，饺子的售价，毫无应有的浪漫，即便出现关于音乐的段落，我却听着动画片的主题曲。

可十几年过去，名叫生活的纸页上依然留存着站台的名称，爱好也没有改变，吃咖喱和饺子，耳机里持续播放动画片的配乐，却在从事一项名叫写作的事业。

无法用文字描绘的音乐，无法用文字描绘的画面，无法用文字描绘的气味，无法被文字完整表达的心……但我从前人的作品里听到了节奏，浮现于脑海里的场景，除了静谧的水，还有水汽中鲜活的潮湿。被它们所抽干的一部分空气，压迫胸腔，仿佛突然站在高顶的眩晕，浑身跳动着颤栗。在难以用音乐、画面、气味来告白心情的时候，是谁发明了"喧嚣"的说法，又骑着"喧嚣"来拯救。

在各种途径上，书写成了最简便通俗的方法。哪怕我们热爱音乐，享受绘画，会为某一刻的甜香而暂停，却依然习惯于在文字中见面。

分享或者赠予，交流或者倾诉，即便在某个意义上的确是文字贩卖与购买的关系，但这依然是温和美好的交易。假想的画面里交握柔软的手，如同寻找孤单的人，终于发现隆冬里空空的鸟巢。

再过不久，雪终于彻底融化，经历数周，让松脆的地面失去纹路。

既非春，也非冬时的潮湿温暖。

当自己的经历变得富有价值，自己的悲哀变得富有价值，自己短时的嗟叹可以久久不消……是书写实现了各种分享与寻觅的可能。想起有些夜晚，看见台灯在角落投下分身，它用黑色表述内心所有的负面，惊恐得几乎无法向光源再靠近一点点。那么书写与阅读，就是介入别人的影子，背负软壳在身的寄宿，用毛孔吸收苔藓般柔滑的气息。愉悦又亢奋，惊喜或疲倦，直到困意袭来，又一个夜晚即将过去，而黎明尚未来临的过渡间。

故事中有兔子跃过草野，成长中的少女颈部皮肤白滑，季风贯穿今昔，角落被冲干的血迹，欣欣向荣的爱情。

它们描述的既非自己，又非他人。

　　我第几次写小说，沉浸在虚构的兴奋中间，一如造物主般洋洋得意，能够随意左右人物的各种行为和命运。然而我第几加一次的写小说，出现必然的停滞期，键盘久未动静，行数只见删除的减少而难以增多。因为那时发觉，曾经得意如我，原来也是井底之蛙，真正的造物主含笑不答，他看着我即便掌握生杀大权，笔下的主人公们却终究只能重复我曾经走过的道路。我没有去过的地方，他们无法抵达。我没有遭遇过的苦难，他们一样获得幸免。而我曾经游荡过的广场，我曾经奔跑过的巷口，甚至我曾经遭遇过的一名问路人，也再一次，不可避免地出现在我笔下，主人公们在雨夜遇见，对方是异乡口音的中年人，出现在十五岁的冬天。那时下着细雨，他用大衣紧紧地包裹着，下巴在衣领上探出，询问附近某个电影院的地址——当时却不知出于什么心情将方向指向错误。

　　既非真实。又非虚幻。

　　我想这就是写作的现在，现在的自己，和自己的写作。

　　身体里必须寄居不止一个生命。用来创造的和用来经历的必须分开。用来悔悟的和用来记录的又不能在一起。事情变成新的状况。一个说"我决定去做"，一个说"我当初怎么会决定那么做"，一个把手指留在灯光下，飞快的记叙的速度。

　　倘若没有走上此刻的道路——我不喜欢假设题，但是，倘若没有像此刻这样，经营一些细小而平凡的情感为生，也许我会变成另一种特别的人。特别的意思不是从事非凡的职业，也不是指获得怎样的收获，我所说的特别，在想象中，也许真的带有做作情绪整天郁郁寡欢，看似平常却会在独处的时候发泄般摔东西，白天在与同事朋友的接触中记录各种点滴，晚上回家把它们列成逐条带有正号或负号的理

由，并且一定是看着负号越积越多会心感满足。类似的日子一直持续到三十、四十岁，并在结婚生子后，目睹正号几乎完全消失，而人生都带有"—"的前缀。

这样的极其可能的另一类人生。

或许它和此刻的我唯一差别在：眼下我能够以那些密密麻麻的负号为基准，用文字将它们变成有价值的东西。

既非正，又非负。

从第一篇原创到现在，六年过去。

犹如横贯在黑夜与白昼中间，漫长的没有名字的过渡期。

被两方同时拒绝的空隙，浩浩荡荡走来百鬼夜行。

文字是无法被后悔的，从它印刷成形，与第一个他人见面，便犹如即时解除咒语的铁壶，无法再变换成怎样的精灵。区别只在有人从中喝到酒，有人喝到水，有人将它一脚踢开。

于是六年以来，不会改变的是写作前的紧张和焦虑，写作后持久的松懈和细小欢喜。它们犹如白昼黑夜，各自领取一半的时间。

三点之前，和四点之后。世界分做两半。中间灰色地带由百鬼度过。

写作就是与魔怪相逢。曾经的确出现过，用文字讲述那些大悲大喜的离合，最好的死与最坏的生，讲述一次次刻骨铭心，它们在记忆里鲜明得如同带有锐刃，可以轻易将一划分为二。可写作本身，依然是将二合为一的过程。

既非夜，又非昼。

既非春，也非冬。

既非自己，又非他人。

既非正，又非负。

既非唯一，又不会泛滥。

既非黑也非白的灰色长廊里，最适合百鬼现身。雪落到半空便已融化成雨，湿漉漉的地面上布满脚印，互相交叠渗透。直到既是夜，同是昼，既是春，也是冬，既是自己，又是他人，既为正又为负。

唯一的故事，找到万千的雷同。

写作是与魔怪相逢。哪怕它们并不会如同电影里刻画的那样高大可怖，甚至只是一只大腹便便的飞虫而已。但凝视着它的时候，笑容减去弧度——在大笑和哭泣间，更多的时间里我们维持面无表情——你知道世界此刻其实最为脆弱。因为它左右不定，空气里伸展摇摆的细肢，一声呼喊就能折断。于是你已经想好了文章的开篇。

"混沌的光"。

"呼进肺叶的空气还未曾被吐出"。

决定那会是一个光明的开始。

>>>I51—end

月光下我记得

Written by 七菫年
Artworks by adam.X

1

算是一个可耻的理由：常年的易感与不快乐，竟然是我们写作的滥觞。口头倾诉的羞耻与困顿，让我们把文字视作错觉的载体。

彼时从母亲的大书柜那里囫囵看过些许版本陈旧的十九世纪英国女性作家作品，着迷于那些花哨的名字背后泛滥的感情与命运，幻想一盏哽咽的烛台，一间寂寞如生的阁楼，一支触纸沙沙作声的鹅毛笔，或者一张木纹华丽的旧书桌，如此，一座常年浸泽在英格兰雾色中的充满了爱与死，等待与寂灭的旧式庄园便可以从一叠传世的手稿中呼之欲出，或者一辆黑色的马车正艰难地穿过伦敦冬夜里泥泞不堪的巷弄，赶车人的背影幻灭在一段发生于这个悲惨世界的绝恋中。这些富有电影镜头感的梦境背后，是我略带批判现实主义色彩的童年心迹。及至年少之时尝试过写日记，却永远因了我心猿意马的天性而落得个虎头蛇尾的下场，最长的也坚持不过一季因了初次恋慕而心情颤抖的夏天。日记中出现过"我知道我是天才"这般放言，而后迅速地被抛却和遗忘在抽屉深处，直到有些无所事事却精神亢奋的深夜，偷偷起床来打开抽屉一页页盲目翻看。翌日忘记将它收回抽屉，放在桌上被母亲看到，于是当我后来拿着分数不够理想的数学卷子忐忑不安地回到家中的时候，撞上她心绪不佳，便会被犀利地数落一番，她说，你根本就跟天才沾不上边。

我仍旧相信，有一个蠢蠢欲动的天才藏在我的躯壳深处，她不是我自己——她谁也不是地正在死去。死在我决意循规蹈矩成长的躯壳中。

十二岁时对母亲说，我想要写一本书。她未置可否地笑笑，说，那你写呀。母亲语气中有轻蔑与不屑。我低头再不说话，因心性敏感，由此记得那个风清月朗的夏夜和一段不愉快的散步。

这么多年过去了，而今我写的东西，无论是书还是文，都不愿意让她看见。第一本书出版之后，我将收到的样书悉数赠予别人，留下了三本，把它们放进书柜，书脊向内。她问及我，说希望可以看看我写的书。

我回答她，我还是希望你不要看。

心里暗自想的是，有一天等我写得足够好，我才会拿出来献给你。

2

对于生命的彻底无知和无惧，使得我们这样以淋漓尽致的姿态度过了少年时代。因不甘于那枯燥乏味的磨盘般的生活，我对于生命一切可能的过错都蠢蠢欲动，反叛地不希望永远生活得如此正确。而最初的写作，是以此为主题的莽撞的宣泄，仿佛在蓄意忿愚无知的偷窥。

那时我是在学校的大礼堂看《两弹元勋》这种爱国教育纪录片都会看得热泪盈眶的敏性少年，心有天高，不甘于方寸天地，急于探近人间的舞台和幕后观望这个花花世界。我知道我周记本上永远都是A+，我知道我唯一擅长的题目就是语文考试中的作文，我知道在所有同学都在抱怨五百字太长的时候我可以轻松写到九百字，我知道我每次周记都是范文……这是我所有的，一文不值的本钱。在后来的高中时代，我万般乞求过，这些东西谁想要谁拿去，我只要一张一百三十分的数学试卷，以及一个简洁客观的乐于用点、线、面这类纯理性的逻辑来理解世界的头脑。

因我相信拥有那种头脑的人生将是整饬、强硬而富有效率的。它趋向一个真切的幸福未来，并且不会像了不起的盖茨比那样因幸福的获得而感到迷惘。

而语言与思想的优柔，恰好是命运的凶器，常常沿着一个人的灵魂鲜血淋漓地自我解剖下去，而不幸的是这样的牺牲常常在这个冷漠的人世找不到丝毫同情或代偿。

文学什么都不是——因为文学就是一切。

但这么多年以来，我明白自己其实还是不曾对经历过的迷途产生悔意。亦不曾为我内心的质地过于柔软而感到羞耻。清浅而淡远的生活是殊途同归的期冀，在这样一个终点之前，我抉择了我的路并且敢于承担它的一切。当最终想好了这一切，我发现希望值得等待，而失望值得遗忘。

令我欣慰的是，事实证明我正在渐渐地明确起来，当你们仍为一个真切的幸福感到盲目的时候。

3

昨日的戏剧鉴赏课中，我读到美国著名作家田纳西·威廉的名作《玻璃动物园》的剧本，它描述的是一个立志闯荡世界的年轻诗人由于生活所迫只能在一家鞋店仓库工作，供养无业的母亲和残疾的姐姐，因理想与现实的落差，他常年处于无限苦闷忧郁中。

有这样一段台词，是他决意离乡背井闯荡世界之前，对一个朋友所说：……我心里开始沸腾。我知道自己看上去好像在做梦，可是心里……我的确在沸腾。每一次我捡起一只皮鞋，就禁不住不寒而栗：生命如此短促，我却在这里做这样的活儿！不管生命是什么，我反正知道它不是跟皮鞋打交道的——那是除非穿在旅行者的脚上才有意义的东西！

……你可知道我的理想与我现在在做的有多大差距？！

另外一部阿瑟米勒的代表作《推销员之死》中，他说，After all the highways, and the trains, and the appointments, and the years, you end up worth more dead than alive.（在经过了那些公路、火车旅行、约会和年华之后，你将以死比生更加值得而告终。）

这些反反复复描述着美国梦的破灭的经典剧作让我停在这里，因着内心的震动，依稀看到了这个世间的折或远。它的盲目与广大，使得相称之下人的生命、才华、智慧，连同人的生命本身，都显得如此微不足道。

前日极其寒冷，骑着单车背着大叠的论文在风雪中穿行，十分狼狈。昨日在酒吧宿醉，凌晨的时候扶着喝醉的朋友，看着她在寒风瑟瑟的街边吐。无数车灯冷漠地打在我们背后。好像我们在肆无忌惮地将耻辱展示于世，又表达得不得要领。那个时刻我站在冷漠的束束灯光中，想起一些事来，险些为世间的寒冷与森严落了泪。

世界一直在敷衍着我们的存在，但我们却不被允许敷衍这个世界——不是我们不能，而是我们不敢。

还好，有文字刻画这个世界的不可救药，同时创造出另一个更加美好的，指引人类文明的归宿。哪怕永不可能实现。

4

十九岁的时候重新读着张爱玲的《天才梦》，心生嫉妒，疑心六十多年前的一个十九岁的小女子写不出"生命是一袭华美的袍子，爬满了虱子"这样充满了疲惫的语句。但我又依稀相信着，那骄傲得理所当然的流畅语句，影射着一个过早成熟的惊人心智所辐散开来的熠熠光辉。

天才都是做梦的，而做梦的不都是天才。

因在极其幼年时母亲曾对我说，当作家是相当悲惨的。于是在小学的时候当问及理想我一直不敢说想当作家。当过去我默不作声地埋头在草稿纸上写字的时候，我极其模糊地隐隐渴望过什么，渴望过他们将会出版，渴望有天这个盲目的世界会认得自己，渴望过一种与当下相比翻天覆地的生活——不那么正确，又不那么错误，总之就是与现在不同——我承认我曾经是虚荣的。

但那不过是灰飞烟灭的念头，我仍旧很快重新沉浸在让自己无限失落的数学题海以及步步逼近的六月高考中。

直到今日，在无数不可思议的契机发生之后，当我走进书店真的就看见自己的书摆在那里的时候，我反而会觉得那与自己丝毫无关。当身边的认识我的人与我说起我的作品的时候我会非常尴尬与不悦。

因我已经不希望任何人知道写那些字的人就是我。

也已经非常不喜欢拍跟自己相关的照片。不喜欢交谈，不喜欢爱情，不喜欢拥挤，不喜欢论文。不喜欢葱、醋、蒜、生菜沙拉。不喜欢鲜艳色彩、花哨的饰物。也不喜欢虫类和签证官。

……

渐渐脱离了昔日虚荣的心情而踏实地存在，你们若看到我，就看到一个平凡的大学女生，略高，略瘦，头发因常年不剪而长及腰际。通常低头行走，为人随和友善，但其实独处时十分易感，并且不喜欢说话。但因内心明确着我不能浪掷我的头脑与人生，且要有别于沉默无为的大多数，所以这样一个表象之下的自己仍旧与周遭有所不同。

5

还记得幼儿园和学前班的时候，妈妈给我订阅了《小朋友》，上面有小孩子写的短文。妈妈也让我来写，然后投了稿。但是几个星期后收到了编辑的信，委婉表示不能发表。

后来小学三年级时文章发表在一本刊物上面，那是第一次得到稿费，七十二元钱。我已经完全忘记自己将它用作什么了（似乎是交给了母亲），但为之兴奋了整整一个星期。

初中时候的稿费，由于汇款单是同学代领，所以每次都是一大帮朋友叫嚣着要请客吃饭。那个时候还真有些心疼。

高二时拿到一笔数目还比较大的稿费，三千多块。给妈妈买了一件衣服。

当初依赖父母的经济支持生活的时候，看到喜欢的东西，发自内心地想，等自己挣到钱的时候一定要买。

而真正到了那一天，也就是而今的自己，却已经不会幼稚到为了一个IPOD朝思暮想。不会再觉得等有钱了第一个目标是买辆宝马越野。不会也没有能力痴迷于过于奢侈的东西。相信若衣食饱暖已经无忧，剩下的生命便应该围绕着更加有意义的主题。如同诗人纪伯伦所说：当睡在天鹅绒华丽温床上的皇帝做的梦并不比一个露宿街头的乞丐做的梦更加甜蜜的时候，我们怎么能对上帝的公平失掉信心呢。

所以在出版了第一本书之后，用了近十分之一的版税买了一张机票，送给自己一趟旅行。而在旅行中颇有印象的一件事情，是在伊斯坦布尔的一家古董店看上了几张上个世纪初寄自欧洲不同国家的旧明信片，明信片上发黄的忧郁图景、珍贵邮票和用细密画般的华丽圆体字写就的大段法语叫我痴迷。当时我想买下六张，总共要花240元人民币左右。我手里拿着那几张薄薄的旧明信片，觉得太贵，犹豫再三没有买下。但仍旧舍不得，所以在店主含义复杂的眼光中，用相机一一拍了下来。

两个月之后，我重新回到伊斯坦布尔。当时我已经想好，我一定要去买那几张旧明信片。但又找回那家店子的时候，我发现我最喜欢的那六张都不见了。被别人买走了。

一瞬间我沮丧至极。

最终我买了其他的几张。虽然依旧很漂亮，但是我仍觉得万分遗憾。

或许钱的作用，仅仅是让我们免去这样的遗憾。但同时我想，大概有更多的遗憾会随之而来的。

通常形容这个世界物欲横流。这是真的。但若有天发现自己对世间没有任何的欲望，或许也是件悲哀的事情了。

6

他们看过我的第一本书，觉得因为无从体验其中所描述的事件与心理，所以产生距离感。

我笑笑，庆幸自己仍旧是不为人知的。

写作不能成为一种功利和抱负。也不能仅仅是一种诉说。而最初的写作也应该是没有确切动机的。就好比我，不记得自己最初为什么提起了笔。由此给自己的内心关上了一扇门，打开了另一扇窗。

回想起来，一切都是自自然然，平平淡淡的事情。除了自己之外，别无关联。然而这类不能成功来标榜的事情，比如写作，在这个消费倾向日益赤裸和俗滥的商业时代，越来越找不到位置。时代的洪流盲目而来势汹涌。

过去以为漫无边际的诉说便是写作，而现在开始知道写作的内涵远远不是如此。它所需求的零度状态，是对才华的燃烧。退却了所有的年少无知，轻狂，也开始懂得这是一条艰难漫长的路，为着要有一个纯粹的心境去执笔书写，希望永远退避于名利场的过眼云烟，但且默默梦想将来的作品足够优秀到成为我留给人间的遗产以传世。

纪德说：我们故事的特色就是没有任何鲜明的轮廓，它所涉及的时间太长，涉及我的一生，那是一出持续不断、隐而不见、秘密的、内容实在的戏剧。

>>>l51-end

比想象更欢乐

Written by 林汐
Photo by Zebra
Artworks by adam.X

【壹】

中学三年级升学考的前夕，全家人一齐上阵补习。从吃完饭后开始一直持续到很晚，在我听的昏昏欲睡的同时，不忘记挂书包里面那几本小说千万不要被发现。晚上一两点钟躺在床上，用手指按摩胀痛的太阳穴。

——对明天没有一点期待。

转过天是最后一次模拟考试。最后一科是英语，大概三十分钟就可以交卷。

我等了又等，在快一个钟头的时候终于坚持不住，跑到讲台前交了卷子，我是教室里面第一个交卷子的人。与我根本不认识的监考老师看了看试卷，又看了看我，无奈地摇一摇头。

但是这样的动作早就不能刺伤我。

我只能这样说。

然而比这更加记忆深刻的一次——

中学二年级的夏天，曾有一次被老师请来家长并领回家。

是真真正正地被领走，那天正在上第二节课。班主任打开正在上课的门，叫着我的名字，叫我，"XX，"然后"出来"。在我刚站起来的时候她又说，"把东西都收拾好，一起带出来。"

于是在我拿着书包和校服外套，头上都是细密的汗，在我出教室门之后，我看到站在老师旁边的妈妈。

这个时候，我才由一开始机械性的茫然，到瞬间领悟的难堪。

班主任持续着"这样的孩子太难管了""根本不听讲""迟到，不穿校服"等等，妈妈站在老师的对面。我靠在教室的后门，提着书包拿着校服，额头细密的汗，教室内上课的声音。

我一点都不想再回忆的狼狈。像是黏湿在额头上的头发一样无力。

在最后她说，"爱谁教谁教，我教不了。"

她这样说着。

【贰】

第一个崇拜和憧憬的人。——嗯，现在我终于能这么承认。

是同校高一的女生。我现在还记得她的样子，很高很瘦，气质非常的好，即使穿校服都能穿得好看。有时候放学的时候会见到她背着吉他。但让我更加羡慕的是，她总是非常和气的，眼睛带着笑意。

我与她只有过一次对话，是那次她来我的班级，问着正在门前和别人说话的我"XXX在这个班吗？"那是班里一个一样光鲜女孩子的名字。

我连声答着"在的、在的"，然后回身去叫那个同学。

我站在不远的地方看着她们聊天，感觉像是站在低处看着她，所以只能把头抬高一点，再抬高一点。

那时我在为着额头上的青春痘烦恼，为怎么样才能不穿校服烦恼，为喜欢的男孩子根本没有发现我而烦恼。别人顺理成章的事情在我身上总是体现着不自然，我因为越来越灰心而烦恼。

于是在我心里，她身上所贴的标签越来越多。那是与我距离遥远的，不可逾越的词语。

光鲜，特别，温和，讨人喜爱。

这些词从来不曾在我身上出现。

我明确的知道自己不可能成为那个样子。

所以——

【叁】

课间的时候和几个女生聊天，大笑出声的时候是突然的，前排以及前面几排的人都转过头看我。就连一起聊天的女生都莫名地看向我。

在公共场合大声说话，颠着腿听CD机，没有规矩"哈哈"的笑，在课堂上摇椅子发出"哐哐"的声音。

更多的人看过来——那与善意和赞赏的目光无关。

他们抽出目光怀着不解和莫名短暂地看向我，然后又转开。

【肆】

在一次课上时班主任说起在十几年前教过的某个已经成为俊杰的学生上学时期的模样：调皮，不听话，课业学不好，拉帮结伙，放老师车胎的气，趁晚上往办公室里面扔鞭炮。

她一边说着"那时候真的看不出来"，一边又感叹，"不过那个孩子看着就很聪明。"

她这样说的同时脸上带着一点点笑意和骄傲。

我在最后的座位用着她能听到的音量发出夸张的"哈"的声音耻笑声。

并不是没有想过自己也可以成为出色的人，而成为出色的人仅仅是为了"让你没话说""知道什么叫做自打嘴巴的感觉"。

或者在背后攻击老师，和她发生正面顶撞，嘲笑她衣服老土，在矛盾剧烈后在楼道里面遇到目不斜视地走过去。

这种事情我也全部都做过。

——所以在某一段时间我成为了这个样子。

一天一天，站在被卑微和迁怒淤积得越来越狭窄的天空下的我。

【伍】

初三的上学期，学校为了鼓励初三生好好面对考试组织的看一场励志的电影。

我们大批人坐着学校租的公交车到达城市另一边的影院，没有什么勉励严肃的气氛，车内的感觉更像是春游，我旁边的女生从书包里面摸出一袋话梅问我，吃吗？嘻嘻哈哈到达了地点。

电影开演的时候，周围还有人在热热闹闹地聊天谈话。

是一部非常本土和让人不耐烦的正统电影，我想如果你们正在上学应该也看到过。那个女孩是高三，要面临上大学。但家里面非常穷困，她却自强不息。

直到在那个女孩和一直勉励她上大学的老师叫嚷时我才抽出了一点目光集中了过去。拉拉杂杂说了很多之后，那个女孩喊着"我没有梦想！我有什么资格有梦想？！"

我旁边的女孩碰了碰我胳膊问，你怎么了？

哦，她台词说得太假了。

【陆】

原谅我说的和"写作"以及"理想"没有半点关系。那个时候我顶多就是喜欢看闲书的，写点不上不下的句子，更多的时间都是夸张得毛毛糙糙的家伙。在课上被老师把英语九分的卷子拍在桌子上后课间照样拉帮结伙去吃午饭的家伙。

整整三年，以至更长的时间，我所扮演的就是语文老师茫然看了我一分钟依然没有叫出名字的角色，或者是英文班主任口中令人皱紧眉头的反面教材。

中学给我的，就是这样的记忆。

这样的三年，绝对不能算是光彩的岁月。

【柒】

那是在毕业后暑假的一天我跑到网吧去上网，一边开着聊天工具一边在看陈奕迅演唱会的视频。他穿着T恤用手非常投入唱着歌，开始是《爱是怀疑》后来是《明年今日》，然后是《浮夸》。我想说的是《浮夸》，那一瞬间舞台上变得很安静，陈奕迅握着麦克风闭着眼睛专注地唱歌。舞台下面是几万人的荧光棒。

说到这里就像是做广告一样。

从小到大就感情丰富听歌听哭绝对不是第一次。但只有那一次，像是胸腔被堵住一般的难受的哽咽，停顿了一会才哭出来。

我看着歌词，愣了半晌，低头艰涩地用手捂住了眼睛。

【捌】

为什么我经常不停地被这样卑微而又无力的词触痛软肋。它们的杀伤力远比那些情歌甜蜜的歌更大。听到的时候就会眼睛酸痛，胸口哽咽得起伏不停。

【玖】

现在一个星期打开一次邮箱。在"论坛注册成功"和"请记住您的密码"中间，会夹杂几封读者写来的信。

如果正逢本月有文章发表的时候，信件就会稍微多一点。终于可以在别人对我说"我很喜欢你的文章"的时候坦然地说谢谢，而不是惶惶地推拒说怎么可能，或者羞怯得答不出话。

BLOG更新的时候也有人过来留言，会亲热地称呼我"林汐仔""小汐"，说着"加油""支持你"这样的话。

直到现在我仍然记得很清晰的是有一个女孩（嗯，应该是女孩），给我留言的第一句话是"终于找到你了"。

而在这之前。

第一次收到别人的留言，一个陌生的人来到我博客留言询问，是《最小说》上的林汐吗？

第一次看到自己的文字变成书，我看到《迷失界限的旅途》书名旁，林汐著的[著]字时险些掉眼泪。

第一次被人说，这次的故事很好看非常喜欢。

它们是流动在汇成暖流的，让从没有这样体会的我张口结舌。

【拾】

真的算不上非常勤奋的人。

如果痕痕不说"稿子明天就要交给我啦"，就经常想"那么再拖一天也没关系吧……"就在刚刚醒来看到小四非常平静的留言："周一我还拿不到你的文章的话，我就会杀了你。"（立即回话：请不要杀死我TAT！）

但确实也有了这样的念头："一定要写出好看的文章"，"不能让XX失望"，"今天晚上不睡了""要拼一下"。

是从哪里开始。

从哪里？

【拾壹】

我一直是知道，无论是什么东西都有着会被漫长的时间稀释的可能。我也明白，这些东西必定要经过漫长的时间才能够真正面对。

我目前想起这些事情的时候，我发现我已经渐渐，渐渐可以释怀。我也笃定着，那时候肯定有人——例如像是家人，一定要比我承受的伤痛失望更多。

直到几年后的今天，我想起那时茫然狼狈的自己，凶狠委屈的自己——

【拾贰】

在那时更让我无法接受的，需要更多勇气去接受的，大约是那个平凡的毫无闪光点的自己。

一直被自卑包裹，愤怒狼狈的自己，有着细微的体察却不得出口抒发的自己。对别人崇拜得不敢靠近的自己，站在教室的后门无能为力的自己。艰涩地、艰涩地，用手捣住眼睛在烟熏缭绕的网吧里大哭的自己。

被老师数落着"没有责任感"或者"成不了大器"。

这样的我。

他们每一种都让我觉得不满足和失望。

【拾叁】

成为了现在的样子，并不是因为"迷途知返"更不是"恍然大悟"。让我写出以上那些话就眼眶酸涩的原因不是这些。

真正的原因是：在经历了漫长的、漫长而混沌的时期之后，第一次触摸到了自己最真实的样子。

那个自己和"没药救了"与"糟糕"没有关系。

她被鼓励着"加油""支持你"被人温和地问候着"你好"，告知着"有进步"。她也没有放弃自己，酝酿出"不能让某某失望""要写出更好看的文章"这种心情。

她和这些温暖而充满力量的词语关联着。

她终于从以前坐在狭窄的座位里面捣住眼睛，变成了能够稍微令人微笑，让人喜欢的模样。

【拾肆】

嗯——要先知道自己的微渺，才会得到要领如何强壮。

【拾伍】

今年十一月回过学校一次，是临时决定的"要去看看"，没有给自己反悔的时间立刻就出门到达了地点。那天没有见到班主任，后来才知道她已经被调到了图书馆。

只见到了教过我一年的语文老师。对方显然已经不认识我了。在看了很久之后被我提醒才说出"哦，是你"。和她聊了几句，在她问起"现在在哪里啊"的时候，我依然尴尬得说不出话来。

在临走时她送我到办公室外面，拍着我的肩膀说"多努力"，还说"要多看书填充自己"，十足老师的样子，最后对我说，"有时间就再过来。"我回答着，好，一定。

好，一定。

我的包里面放着带来的，依旧没有拿出来的两本书。那些我想过很多的句式，"我现在在做这个""终于出了一本书""已经渐渐有人喜欢我了"。

一句都没有说出来。

在其间数次走神，仍然没有想出怎么样开头对她说。但我仍然手足无措，想着再等等，再等我比现在更加、更加──

等到那个更加有资格，能让人微笑不停的时候，再对她说。

【拾陆】

或许我现在仍然是，我的存在仍然会是那个会让他们露出茫然表情或者紧皱眉头的角色。在另一个角度里，我的存在也造成过"非常喜欢你的文章"，"请加油""支持你"，或者"终于找到你了"这些温暖喜悦的字句。

那都是我。

是我曾经的存在以及现在的存在。

无论是美好，或伤痛。

或许那比我想象的更欢乐。

以及在这条漫长的道路上，装点我，照耀我的──

糅杂着无限酸涩的自卑，还有潮汐般起伏的崇拜。

>>>I51-end

Artworks by yeile

落落 随笔集《须臾》
全新创作

旅途 | 曾经 | 所有应该忘记即将忘记而没能忘记的故事 | 小时候的家园 | 爱情

电车穿梭在森林和溪水中间。
叶片的影子摩擦在窗上，田地变得稀少，偶尔才在窗外露出一片平坦，但又随即被密林替代。
组成宛如古老破损的绿色隧道，延续我对过往的回访。
时光旅途。
世界植满漏光的树。
当无限须臾小事，在沿路车站上化为路标。

须臾
葛蕾 著

Castor&Antares
上海柯艾文化传播有限公司

Collection

漏光的雨

Written by 郭敬明
Photo by Zebra+adam.X
Artworks by adam.X

漏下光的雨，被荒芜粉刷在城市的表面。
没有我们的世界，没有我们的星球。

光魇

Written by 王小立
Photo by Zebra
Artworks by adam.X

一

谢颉收到矜音的短信，是在两天前的傍晚。

显示在手机屏幕上的，只是很短的一句话。开头的四个字是——

[我喜欢你]。

二

有这样的一条街。

它位于这个城市的角落。沿着路边可以看见溜开的一长串大排档，间中夹杂了卖蔬菜或是水果的摊贩。汽车一般开不进这里。所以可以看见随街的小孩，穿着脏污至颜色不明的棉裤，鼻涕邋遢地在街上追逐。脚底的塑料鞋，踩在混合了菜叶和果皮的污水里，就拉出一整街质感粘腻的[哒哒]声。

矜音就是住在这条街上。

确切一点地说，是住在这条街上的[万富×大厦]的十七层里。

那是一栋和整条街风格统一的建筑物。肮脏、陈旧、没有存在感。墙面的粉漆，因为年月久远而剥落成一片灰败，某个角度可以看到爬满半张墙的植物。黄绿的叶子没有带出生机勃勃，反而平添了一丝诡异。它就这样静静立于这条街的尽头。下面的三层作写字楼，上面的十五层则是用以租卖的民住房。18层的高度。远远看去，犹如一块发了霉的法国长硬面包。

因为是这般破旧的建筑，所以，才会陷进眼下这么个[被困在电梯里]的窘境里吧——在对着呼叫键疯狂乱按了一通却得不到回应之后，谢颉绝望地靠向电梯的一角，手掌撑着膝盖，可以感觉到自那传出的细密的颤栗。

谢颉想到了矜音。

"我家那的电梯，坏得很频繁呢，现在大家都宁愿爬楼梯了。"矜音曾对他这样抱怨过。当时的谢颉只当对方是在夸张，却没想到是真的频繁——频繁到足够让谢颉第一次乘坐就遇到这样的麻烦。

仿佛有人自遥远的地方呼出了一口气。一分钟前，还未等谢颉反应过来，身边这块原本正在上升的空间，便犹如被吹熄前的蜡烛。不过是火苗轻微的几个晃动，四周就在瞬间停滞成一片死寂的黑暗。

早知道……就爬楼梯了。谢颉追悔莫及。一边下意识地捏紧了手机——先前为了找呼叫钮而特意打亮了屏幕。荧白色的光，称不上明亮，却足够男生压抑住此刻内心深处的恐惧。顺便也让他留意到了那个距离自己两步远，同样被困在电梯里的人——刚才进电梯的时候，因为门快关了而有些匆忙，所以并没太过注意对方，却在此刻莫名成为了同病相怜的战友。

顺着手机的光亮看过去。对方的面容被阴影笼罩得模糊不清，但依着身形比例来分辨，似乎……是个十四五岁的女孩吧。

"……你不害怕么？"有些奇怪于女孩的镇定，谢颉朝她问过去。对方却依旧一动不动地立于原地，既没有朝谢颉看过来，也没有做出什么回应。

静谧的气氛里，可以听见自己口水咽进喉咙时所发出微妙的响。"……喂，说话啊。"努力做出第二次的尝试。

这样女孩才终于有了反应。偏一偏脑袋，她疑惑地问过来"你……是在跟我说话？"

"……我以为你是在跟别人说话呢。"顿一顿，又补充一句。

"哪来的别人？"下意识用手机在周围照了一圈，男生感觉到自掌心中渗出的汗液，"这种状况你还开玩笑啊？你都不会害怕么……"

"不怕呀。"女孩 "嘻嘻"地笑起来，稚气而清亮的声线，没能让空气明朗，反倒在谢颉的头皮上炸开一层的鸡皮疙瘩。"都习惯了呢。"她一边笑，一边这样说。

——习惯了？习惯了什么？是说习惯了呆在这个里面？这种事情……可以习惯吗？

诡异的念头仿佛泼进油锅的水。瞬间在谢颉的大脑里刺激出一整片藤绕的烟雾。

"你，你该不会是——啊！！！"臆想的结论来不及说出，手机的光就率先黯淡进了黑暗。在被身边的浓稠色调完全吞没的同时，男生条件反射地爆发出一声哀鸣，不受控制地抱着头往角落里缩。

"你怎么啦？"女孩的声音响起来，这回倒是带了几分被吓的意味。

"我……"谢颉努力动了动嘴，却吐不出更多的音节。面前的空气在此时犹如扑面而来的黑色海浪，从他的咽喉直导进气管。是窒息一般的绝望。

黑暗中他感觉到女生摸索过来的手，掌心拍在肩上。温度透过他的T恤，轻轻的暖意让男生稍微恢复了一点平静。这样他才意识到要重新按亮手机。熟悉的白光打进黑暗，谢颉于是看到了女孩。大概是想安慰男生，刚刚还站在两步开外的她，现在已蹲在他的旁边。一只手抚着他的肩膀，另一只手则圈着自己的膝盖。

"还好吗？你很害怕啊？"她问。依旧看不清具体的表情，但按着口吻，应该是在担心的吧。

重亮开的光让男生的思绪回复进清晰，想到自己先前的失态，不免有些觉得尴尬——毕竟也是快要告别高中、升上大学的人吧。眼下却在一个小女孩面前吓出一嗓子的尖叫，简直堪称自己人生的污点。

"我……"犹豫了一下，谢颉决定告诉对方真相。"我有……幽闭恐惧症。"

"幽闭恐惧症？是什么啊？"
"嗯……就是，很害怕密闭黑暗的空间吧——"解释过去，"没有光又是全封闭的地方，我就会非常害怕……自己都控制不了的。"
"为什么会害怕啊？"

"为什么啊……"
谢颉有些恍惚地重复着对方的问题。这段对话是这样熟悉，以至于他不得不再一次想起矜音——问过他同样问题的矜音。

"因为我爸爸管得我很严。小时候只要调皮了或者成绩够不上标准，就会被他塞到家里的衣柜里锁起来……是个很小的铁柜子，我呆在里面，连身体都不能完全伸展开。经常是一锁就两小时，出来的时候都是滚出来的……后来有一天，他锁了我就跑出去喝酒了，结果路上发生了车祸，在医院里昏迷了两天……我……"

那个时候，谢颉是这样回答矜音的。在这之前，他从未将这件事告诉过任何人。这段存在于童年的梦魇，就像是被埋在体内最深处的植物。那里晒不到阳光，它却依旧能够在阴暗里舒展出繁茂的姿态，一旦触碰便会分泌有毒的汁。只有在自己喜欢的女孩儿面前，谢颉才能稍微地，稍微地暴露出其中的枝梢。

矜音是谢颉喜欢的女孩——或许用[偷偷喜欢着]会比较恰当。

会喜欢的原因，其实谢颉自己也不甚明了。这毕竟是一种太过微妙的感情，即使放在显微镜下，也未必就能数清其上交错的脉络。或许是她总是弯着像是在笑的眼睛，或许是她虽然朴素却总是干净的着

装，或许是她清新里夹杂着一点儿甜味的声音，又或许是——她拥有和自己相似的经历。

"其实我家也是超变态的。以前我一做错事就关我厕所，也不开灯，还不给饭吃！害我现在也是……怕黑怕得要命。"她一边说一边朝谢颉吐吐舌头，仿佛是在说一个轻松的笑话。

那是他们自补习班放学回家时，在路上的一段谈话。话题展开的过程，如今的谢颉早已有些模糊。清晰于记忆里的，是那条他们一起走过的巷子。初春是多雨的季节，路面被雨水浸泽得多了，被路灯的光一照就会反射出淡淡的光泽。如果从高处俯视，这路就犹如一条发着光的小溪。

而小溪里，是朝自己弯着眼睛的矜音。"咾——我们挺像的呢。"她说。瞳孔闪着亮，仿佛流泻进了整片苍穹的星光。

既不是左右邻居，也不是同校同学。之所以会彼此认识，说穿了不过是因为三个月前参加了同一间的高考补习班——是这样浅薄的关系，却又莫名其妙的，不知道从什么时候开始，在谢颉意识到的时候，[矜音]就已经成为他心中，足以和[高考]、[冲刺]并列同位的字眼。

这样想着，谢颉将手中的手机按进[已储短信]的一栏。在里面，是依着日期排下的一长列短信。粗略的估摸，有将近上百条吧。无一例外，全部标着[发件人：矜音]的行头。

"我家，嗯……上不了网……有事短信联系吧？"这是当初谢颉向矜音要QQ号码时，对方的回答，伴随着一闪过的尴尬神色。后来等两人更熟悉了，谢颉才知道，矜音的家境其实并不富裕，甚至可以称得上清贫。父母将出人头地的重望压在女儿的肩上，即使是眼下的[高考补习班]，费用也是一家人从齿缝拼命省下的成果——是这样的环境，就连手机也得靠自己打工才得以拥有，自然不用提什么[在家上网]的奢侈。

只能用短信。

谢颉当然是不在乎的。对他来说，随时就能够发送的短信，比起QQ显然更能拉近彼此间的距离。很多时候，在谢颉为了高考而熬夜复习的时候，陪他度过漫漫长夜的，除了咖啡，就只有矜音的短信。

手机在黑暗里漂浮着惨白的光，谢颉按着键，将里面的短信一条一条地打开。

[睡觉了吗？我在复习哦……好困呢。都12点啦。不过明天有数学的模拟二考，很重要呢。希望能考到好成绩。你也要加油哦。]——第十五条。

[二模的成绩发下来了。居然才考了40名。明明那么努力过了。为什么还是这个样子？想到爸妈的脸，我真受不了他们的那种表情……不想回家了。]——第三十八条。

[刚刚翻以前的笔记，结果看到了小时候的相册。有一张是全家去动物园的留影。真怀念。很久没去动物园了……最近因为我的考试成绩，话都没办法好好说了……为什么会变成这个样子呢？做梦一样的。]——第四十二条。

[今天老师把我叫到办公室谈了很久。结果出来我也是……她说了什么我都不记得了。最近记忆好像越来越差了。什么也记不住。怪吧？]——第八十二条。

[我昨天在补习班上给你看的那个小熊是不是漏在你那里了？下次带过来给我好吗？那个是我买来送给我邻居过生日的。很可爱的小妹妹。可惜就是……有机会带她给你认识。]——第九十一条。

[不能失败不能失败不能失败不能失败！！！请你不要说什么"这次不行下次还有机会"的话！我不需要这种安慰……我和你不同，我的环境不允许我失败你知道吗？？]——第九十七条。

[……对不起啊，这两个星期都没有去补习班了。最近天天和家里人吵架，想到考试就呼吸困难，难受得什么也做不了……就像困在一个黑箱子里出不去的感觉。你能理解吧？]——第一百条。

[谢颉……我好像得病了……我这三天一直在哭。我不知道我怎么了……怎么办……我好害怕啊……]——第一百零三条。

"……哥哥现在还害怕吗？"正准备按下下一条的时候，被身边突兀的问题打断了思绪。意识到是身边女孩的声音，谢颉抬起头，"嗯？"

"你很久不说话，我怕你吓昏过去啦！"

"还好吧……有光就行。"谢颉笑笑。想自己这不好好地在看手机么。"——话说回来……你这么个小女孩，看不出来胆子倒真蛮大的……"

"嗯！我邻居姐姐以前也是这么说的。"语气顺着就骄傲了起来。

"……邻居姐姐？"

"嗯。说起来她跟你一样哦，都很怕黑的。"顿了顿，"以前还问我要怎么才可以不怕呢！"

"……要怎样？"

"诶？大哥哥也不知道呀"仿佛看见女孩嘴角边的得意，"其实很简单嘛，就像我之前说的。习惯了就好啊——啊！"

电梯的突然晃动，让女孩口中的"啊"字上翘成一个惊叹号。与此同时的，是自头顶泼进眼帘的灯光。因上升的而产生的离心力，顺着光亮重新挤进这个一度僵滞的空间。

"啊！恢复了——"惊喜交加下，男生下意识地朝身旁的女生看去，想和她一同分享脱难的喜悦。却在对上对方脸庞的同时，将[惊喜交加]中的[喜]，抹成为空白。

"……你的眼睛——"

站在面前的女孩。十三四岁的身材比例。黄色的上衣搭配黑色的裤子。头发很短，面庞清秀。只除了她的眼睛，尽管被额前的刘海遮住了大半，却依旧能清晰看见覆盖于面的，一层黯淡无光的灰白。

"嗯，我小时候生了一场大病，病好就变这样了。"或许经常被人问到相同的问题，女孩的表情一如常人般开朗。

因为看不到，所以之前才会在一片黑暗里那么镇定吗？谢颉想。动了动嘴巴，却终究没有说出来。

电梯到达十七层时，响起[叮——]的声音。门打开的同时，可以看见正对着的住户，门上有倒帖的福字，周围粘了很多泛黄破损的卡通帖纸——"我以前超喜欢在门上乱贴东西的！"依稀记得矜音说过这样的话。那么，就是这里了罢。

"这里是十七楼吗？"女孩扶着门，朝谢颉问。
"嗯……是。"回答过去。
"啊！那到家了。"笑起来，一边摆摆了手。"哥哥再见！"
"……诶，等等。"
"啊？"
"这个给你。"男生斜靠在电梯口，一边挡着即将关闭的门，一边从书包里掏出一只毛茸茸的小熊。递到女孩的手里。
"这是……什么？"摸着手里的熊，女孩流露出一脸茫然。
"拿好。"眼看着布偶就要从女孩的手里掉下来，男生弯腰将熊朝对方掌心里轻轻按了按，"这个是……你的邻居姐姐叫我拿给你的。"
"邻居姐姐……"女孩的脸明显抽搐了一下。
"不可能啊——"顿了顿，喊出声来，"邻居姐姐两天前就跳楼了！妈妈说报纸都有登的呀！？"

按着熊的手在空气中停滞了几秒。

"……我知道。"片刻后响起男生平静的声音。

"啊？那这个——"

"哦，这个是上两个星期，她买给你做生日礼物，结果漏在我这里的。"

"啊！你就是大姐姐说的[很想和他考上同一所大学的哥哥]呀！？"遇到传闻中的人，女孩有些惊喜地叫起来，但很快，这声音便又低沉进了空气。

"……不过……"

"……我知道。"

三

[万福×]大楼的天台是在十九层。各种颜色质地的床单和毛巾晾在那儿，在原本便不大的面积里，交错出一片熙熙攘攘的生活气息。

临近夜晚的天边，还残存着被黄昏染成金红的云，嵌在整片灰紫色的天幕上，犹如流动的火。

如果往下看，则是被廉价霓虹灯模糊了的街道，红色黄色蓝色绿色，因距离的拉远而微缩成细细的一条，像是融化得很彻底的五彩糖浆。

无论怎么看，也是和[高三女生因高考压力过大罹患抑郁症，于自家楼顶天台跳楼自杀]的标题格格不入的场景。

——可是为什么。

四

即使身处于怎样与世隔绝的空间，也能够将呼吸努力地延续下去。

即使是从此只能活在永恒的黑暗里，也可以继续着心脏的跳动。

手机的光亮、掌心的温暖、昔日的回忆、甚至仅仅只是[想活下去]的念头——即使能依靠的，不过是这样细碎的一点。

但只是这样细碎的一点。就可以活下去。活到即使无法迎来新的光芒，也至少可以习惯眼前漆黑的那一天。只要活下去。

人类……不就是这样脆弱如沙般卑渺，却又能柔韧得无比强大的存在么。

——可是为什么。

五

谢颉打开矜音发送过来的第一百零四条短信。那是他于两天前的傍晚所收到的，最后一条短信。

是由七个字组成的短信。

开头的四个字是：[我喜欢你。]

——可是为什么，你要在这样美好的句子后面，加上[再见了]这三个字。

入夜的风将身后的植物吹出窸窣的响，男生提着手背抹过眼睛。

然后他低下头，将手机屏幕上的光条，按进了[全部删除]。

连带着删除了那条，被自己发送过无数遍，却只换来[未能成功发送]的提示的短信。

[我也喜欢你。]

可是。

再见了。

>>>I51—end

序的第一章节

Written by 喵喵 Photo by Zebra Artworks by adam.X

（一）

鲁晓曦从来也没有想过，在自己活了十八岁零九个月的时候，父母又给自己添了一弟弟。原本歪坐着板凳斜靠在上铺梯子上还吊儿郎当跷着二郎腿的她，在嘴巴张到酸痛之后，突然地对着电话正襟危坐起来。捏着电话皱着眉头深深思索了许久，还是憋了一口气悠悠道："你们安全措施怎么做的……"

电话那头一下子安静下来。她估摸着自己说错了话，刚想补救着加上一句"这也没什么好害臊的啦"，母亲却率先炸开了锅，"鲁晓曦你小小年纪怎么不学好啊！你给我等着，赶明儿我就杀去你们学校，看我怎么收拾你！"

"你真这么问你妈的？"林琳把刚喝的一口水喷了一地，"我要是你妈也非得掐死你不可，什么孩子呀这是。"

鲁晓曦垂头丧气地摆摆手："要真是那样才好，他们再养个一二十年我倒清闲。"看林琳不解，便做出一副眺望远方的姿势，瞅着窗外压低了嗓子说："麻烦今天就来了。"说着寝室电话铃乍响，鲁晓曦她妈的声音震耳欲聋。"到了！"

够简洁。惊得鲁晓曦拉住林琳撒丫子就往门外跑。

远远就看到校门口一行三人拖着六件行李浩浩荡荡地排在那，父母矮在两头，中间杵一高杆子，瞅着跟北京区号似的，010啊。前几天她自己来报道的时候二老可是连家门都没迈出一步，就在阳台上瞅着自己女儿吭哧吭哧扛着行李奔火车站，也不怕她被拐卖咯。鲁晓曦觉得好气又好笑，捂着肚子边笑边跑，跑到跟前被她妈一巴掌拍在头上，"没点姐姐样！"又毕竟是疼女儿，骂完了一把揽住，揽得鲁晓曦一个趔趄差点扑到。"谁谁谁，什么姐姐，我可没弟弟。"她站稳了之后瞟了一眼中间那个"1"，恶狠狠地说，心想，以后可别缠着我。

林琳笑着打圆场："晓曦，原来这就是你说的弟弟啊。啧啧，个真高。"一会看气氛还僵着，又说："长得也挺不错，以后肯定不少女孩子追呢。"

鲁晓曦看她妈听得脸一阵红一阵白的，恨不得扑上去捂住林琳的嘴，会不会说话啊她。

那男生倒一直没吭声。鲁晓曦压根也没正眼看他，陪着爸妈风风火火地办完了报到手续已超过下午一点，肚子饿得咕咕叫，三人从教学楼出来一眼看见那人和林琳一起坐在树荫下的行李上一副乘凉的架势，还有说有笑的，顿时气不打一处来。

"不吃饭啦！"她上前一把拉起林琳。林琳还没笑够，憋着气说："你弟弟挺可爱的。"被鲁晓曦一句话顶回去："他不是我弟弟！"

这时鲁爸爸从后面走上来，拍拍鲁晓曦的肩："我们赶下午的火车回去了。"他说着把那男生也拉过来，"齐楚就是你弟弟，以后在学校多照看着点，听话。今天累坏了，好好去吃一顿。"说完从兜里摸出几百块钱塞给鲁晓曦。鲁晓曦差一点感动得热泪盈眶，如果鲁妈妈没来破坏情绪的话。

"你要是敢欺负他看我不捏死你！"鲁妈妈做了个残暴的动作，"吃完饭去帮齐楚把床给铺了！"鲁晓曦扭头跟林琳对视了一下，看到万分同情的目光。

（二）

灾难。梦魇。幽灵。挥之不去。

这几个词成了鲁晓曦大脑里的关键字，无论怎么搜索都与她紧密联系在一起的，还有另一个词，齐楚。想到就咬牙切齿。他仿佛没有自己的课余生活一般，除了自己有课，其余时间全都紧随鲁晓曦身后，哪怕是她要上自习，他也要跟在她边上看她背单词背出一副便秘的模样。

如果她早起他便也不睡觉。

如果她上厕所他就在外面等。

如果她上课他便趴在最后一排睡觉。偶尔被老师提问起来，睡眼惺忪懵懂状。

如果她去洗澡他也去洗，且必定比她洗得快，有一回鲁晓曦为了摆脱他只在水里打了个滚就冲了出来，却还是看到他稳稳当当地等在门前，头发还湿答答地在滴水。鬼啊！她差点尖叫。

终于憋不住，鲁晓曦有一天走在路上铿铿锵锵咳嗽了好一阵子，终于把嗓子清干净，停下脚步等齐楚走上来，把视线从他肩膀下面望上去，神秘且崇拜地说："哎，你会分身术？"齐楚愣了一下，盈盈地笑开了嘴巴。

没劲。装酷都不会。

"问你爸妈了么？"有一天上课的路上，林琳像突然想起什么似的说。

"问什么呀？"鲁晓曦不解。

"你弟弟呀。"林琳笑道，"究竟这弟弟哪儿冒出来的？"说着回头看看，齐楚果然还是跟在后面不远处，一副心不在焉的样子。

"懒得问。"鲁晓曦撇着嘴巴说："那天办手续时我问我妈，他父母怎么不来送他，我妈压根没甩我呀。"她说着气就上来了，"反正不可能是亲生的。"

"怎么不会？我看你们长得倒有些像。"林琳干脆转个身倒过来走路，"浓眉毛高鼻子，"她又比较了一下，"很像的呀。"

鲁晓曦这才想起，自己都没仔细去看过齐楚长什么样，单单是感觉到身后一个阴影覆盖过来，就够觉得压迫的了。她于是也转过身去。直勾勾盯了人家半天，鲁晓曦突然爆发出一阵银铃般的笑声，笑声过后，她指着齐楚的脸对林琳说："窗户，知道啥叫心灵的窗户？你看他那眼睛，我一个都能改他仨了。"

林琳却不识趣地说了大实话。"男生眼睛小比较好看。"鲁晓曦觉得面子上挂不住，看齐楚走近了，又恐他早已听到她们之间的对话，更加羞愧难当。"你喜欢他，以后让他跟着你吧。"她甩下这一句话就跑了。

（三）

说了这种话，心理倒真的当作事实就是这样的。于是即便后面几日齐楚还是总在身后鬼魅般出现，鲁晓曦还是安慰自己：他是跟着林琳的。林琳做他姐姐，我不做。似乎这么想着负担也轻了。可是和林琳终究不是形影不离的，一旦林琳走开，她还是要接受这个铁一般的事实。父母比大一时更常电话过来，三句不离齐楚，她的抵触情绪也逐渐被削弱，有时候还会和母亲说上几句，"他……还行"，她只能这么说，因为她根本就没关心过他的状况。若是母亲再恐吓逼问，她急了就胡说："他从不抄作业！"

这似乎是于她来说最高的赞美。鲁妈妈却反问："难道你抄？"她只得继续搪塞。

不止电话，食物也会常常寄来，核桃仁、牛肉干、红枣、奶粉，每次都是双份，便条纸上勒令鲁晓曦送去给齐楚。鲁晓曦心想，还用送？直接往后一扔都能正好把他砸死。有时候也会寄到齐楚那里，他晚上回宿舍拿到，第二天带给鲁晓曦，通常是在书包里装上一天，到晚上才拿出来。她背地里说他小气，林琳却说："他怕你嫌重才是。"

"不稀罕！"鲁晓曦依旧忿忿地说。

她始终是讨厌齐楚。第二次主动跟他说话，问他："哎，你爸妈是谁？"他却把笑盈盈的脸突然一沉，不肯言语了。她依旧追问："是我爸妈么？"

他咬咬嘴唇。她高兴了，"看吧，我就说你不是我弟弟。你为什么总跟着我？"

他还是不说话，她最讨厌别人不搭理她，最后气呼呼地说："你以后都不要再跟着我了！"

不知是不想再做对还是依旧故意做对，从那个晚上之后齐楚便真的消失不见了，鲁晓曦早晨下楼忽然觉得阳光异常的明亮刺眼，才发现阴影不见了，顿时大呼畅快，连早饭都比平时吃的多了些，六个肉包子没打住，外加一大碗八宝粥。吃到几乎迟到。课也上得气定神闲，不用担心某个瞌睡虫再来影响老师的心情，倒是林琳一进教室就开始四处张望，没有找到齐楚还可惜地叹了口气，看看鲁晓曦，没心没肺的表情。

一天不觉得，两天不觉得。

三天四天不觉得，就这么消失了的这个人，即使路过他应该常去的那些地方也都无法遇见，电话里父母问起来意识到自己的支支吾吾，鲁晓曦才记起原来他已经一个月没有出现过了。这一个月没有发生什么大事情，只是少了那个尾巴之后，紧接着便有人向她表白，那是大一上学期就开始暗恋的一个男生，偏巧当时林琳和同乡会的同学去外地出游一个星期，鲁晓曦傻头傻脑的不知道如何去应付，稀里糊涂地答应了人家。等林琳回来已是手拉手出现，林琳吓得险些没从楼梯上跌下去。

"晓曦……一会没人看你你就……"林琳责怪她，"那人，大一不是还在和其他系的女孩子好？"

鲁晓曦红着脸："亏你还说，你又不是不知道那时我便喜欢他。"

"可是……"

林琳还想说什么，鲁晓曦手一摊做出一副"反正已经来不及了"的样子，弄得林琳只得把话咽了回去，暗暗地想，要是齐楚在就好了。

（四）

齐楚在寝室。他打开衣柜，里面的食物已经多到要溢出来。鲁妈妈最近都喜欢把东西寄到他这里，而他别扭着不愿去找鲁晓曦，就这么堆积着成了山。正要找个空档把新到的这一包塞进去。

却陡然发现包裹单和之前不太一样。是个航空件，寄件人：齐力勋。是自己父亲的名字。原本一直期待着在这里熬到一年，这个亲切的名字为他办好一切手续飞去美国，现在不知为何却突然开始厌恶这个，仿佛久未在生活中出现一般，突然印在纸面上，异常的刺眼。让他想起不久前那几张苍白的纸张，那个男人一笔一画地把这三个字画在上面，即使再认真也是只有几秒钟的事情。

躲在钱包里那张破旧的开房证明。离婚协议书。遗体确认书。抚养协议。

何必。

随手扔到床底，咕噜噜一阵药丸和塑料碰撞的声音。齐楚惨笑，有钱人果然不一样，寄的维生素都是复合型的，这一小包抵得了一整柜子的补品了吧。原本该有的温暖却被压缩得所剩无几。

鲁晓曦这段时间一定过得逍遥快活。有时候在食堂远远地看到她，和身边的人有说有笑的在打饭，原本走过去就是偶遇的他却总是突然退缩，觉得还是不要碰面的好。不想招她讨厌。说是姐姐……其实一副没长大的猪头样子，也不知道是谁照顾谁。

倒是有一次路过女生楼的时候遇到林琳，林琳倒蛮开心，对他嘘寒问暖的，几句话说到鲁晓曦交的那个男朋友。"劝不听，"林琳直摆手，"我觉得那人不好。"

齐楚还是笑："她喜欢就好了。"

林琳没办法，"你还真没脾气。"她感慨道，"如果不是弟弟该多好。"

回去说给鲁晓曦听，鲁晓曦直拍手："对啊，不是弟弟多好，就更和我一点关系都没有啦。"说着丢给林琳一包东西，"我妈又让我给他送吃的了，你和他关系这么好，不如你去吧？"

"神经病！"林琳不睬她了。

被催促了快一个星期还是逃不掉，只好硬着头皮自己去送。男朋友不愿做陪，"觉得好像情敌会战。"他说。鲁晓曦辩解道："弟弟！是弟弟！"心里突然有些过意不去，这时候怎么承认人家是弟弟了。没骨气啊。

男朋友还是坚持要先走，她只好一个人在男生宿舍楼下等。说来好笑，连齐楚寝室的电话她都不知道。中午十二点左右，正是冬天里太阳刚好的时机，鲁晓曦被晒得双眼眯成一条缝，脸颊烫烫的，有想要睡午觉的欲望。而齐楚出现的时候太阳早已转了方向射到别处去了。鲁晓曦从台阶上跳起来拍拍屁股，冲上去就责怪："你怎么吃饭吃到现在？"

齐楚以为自己是被晃了眼睛。"我打篮球。"他说。十一月底的天气只穿了短袖短裤，满身大汗，双手搭着脏兮兮的一堆衣服。鲁晓曦把塑料袋递过来："喏。我妈给你的。"等着齐楚接过去就立刻跑掉。齐楚却无力地抬了抬胳膊，"拿不下了，"他说，"要不……"

虽然不是第一次进男生寝室，鲁晓曦还是觉得有些心慌。虽然早已习惯了潮湿发霉的臭袜子和男生厕所刺鼻的腥臊味道，还是会对前面这个人身上散发出来的新鲜汗味微微敏感，这种尚未死去的荷尔蒙在空气中丝丝蒸腾，让她竟生好感。

"呐。"她咽了咽口水，没话找话说，"之前的，你都吃完了么？"

"没有。"他老实回答。"要不你再带些走？"吓得她连连摆手，"太沉了。"

齐楚打开柜子把鲁晓曦带来的东西塞进去，想了想，又在里面翻了翻，最后关上柜子钻进床底摸索了半天，捞出先前那包东西来。拍了拍递给她："给你这个吧，轻。"鲁晓曦接过来一眼看到包装上的航空标志，放在耳朵旁摇了摇，"炸弹？"她紧张地问。

齐楚一把拿回来，替她把包装撕掉："炸你个头，"然后一瓶瓶排在她面前，"维E胶囊，卵磷脂，复合维生素片。"

"不要。"鲁晓曦摇头。

"前两个是美容的，"齐楚找了个塑料袋替她装好，"最后那个……你不是经常口腔溃疡？"

就这么面无表情简单无比的几句话，却让鲁晓曦这个其实心智不太健全的小女生终于突破了倔强的心理防线，几乎感动得要哭出来。好细心啊！……这弟弟。在这种不正常的心理驱使下，她结结巴巴地向他发出了第一次邀请。

"吃……吃饭了……吗……不如一起去吧。"

（五）

那顿饭就好像是认亲仪式。过了午饭时间，校门口一排小饭馆都关了门，两人跑了很远的路找到一家肯德基，一口气点了四份套餐，饿昏了已经。席间鲁晓曦一边啃着鸡块一边问齐楚："你最近都干什么去了？"口水喷得到处都是。

"没干什么啊。"齐楚咬了一大口汉堡，支吾不清。"篮球打得多了些。"

"哦。"

鲁晓曦挥舞着一只油嘟嘟的爪子的他肩膀上猛地一拍："好好学习！"她居高临下地说，"不然可别做我弟弟。"

齐楚滴汗。憋住不笑，"谁稀罕。"他故意说，然后看着鲁晓曦脸上洋溢了半天的黑社会大姐头的自豪感和使命感突然冰封……然后她重新抓住一只鸡块，狠狠地咬了一口，故作镇定地用不屑一顾的口吻说："随意了。随意了。"

谁在意谁知道。她想，有种认输的沮丧。

注意得越多才越来越对齐楚刮目相看。成绩似乎很好，居于专业的TOP10水准，不见他如何上自习，GPA却也能到3.8以上；篮球打得好，好到校园里任何一个角落都可能有认得他的女生，不只对着背影窃窃私语"哇，齐楚耶"、"好帅哦"、"他边上那个女生是谁啊"、"不可能他一定是单身"之类，更有在比赛进行时对着球场惊声尖叫他的大名的，让鲁晓曦倍觉压迫感。

鲁晓曦的男朋友说："真是你弟弟？看起来比你受欢迎多啦。"

她掐住他的胳膊恨不得掐下一块肉来。

"哎，你怎么不找女朋友？"有一天抽着空，鲁晓曦忍不住在饭桌上问齐楚，没留意到自己语气渐渐酸了起来，"不是很多女生给你写情书？"

齐楚一口饭没含住："你怎么知道？"

鲁晓曦翻翻眼："偷偷塞给我的就好几封啦，半路上冲出来，说什么让我转交给你之类。"

"那信呢？"

"我扔了啊。"

"你……"

"太难看了好不好，最起码要找一个比你姐好看的行不？"鲁晓曦说着故意去瞟齐楚，想看他又气又恼欲抓狂的样子，不想齐楚却异常平静，依旧笑嘻嘻的："哦，倒简单。我以为你要我去找个比林琳好看的，那有点难度。"

轮到鲁晓曦"你……"，咬牙切齿。

"找女朋友有什么用？"齐楚反问。

"那可多。"鲁晓曦一条一条数来，"陪你上课，吃饭，上自习，你打篮球时替你拿衣服，你生病了给你找药吃，衣服破了给你买新的，天热了给你扇扇子，天冷了给你暖被窝……"

齐楚听得不耐烦打断她："这些你不是都可以做……"

"滚！我可是有男朋友的人！"鲁晓曦愤怒地说，把"男朋友"三个字咬得咯咯响，生怕它们钻不进齐楚的心里。其实齐楚的眼神早已偷偷黯淡。"那你也要给他暖被窝么？"他咬着嘴唇问。

鲁晓曦顿时语塞，脸陡地红了起来，看不出对面的人已笑得艰难。

"多管闲事。"牙缝里挤出这几个字。

（六）

给齐楚的航空包裹又寄来了。这次包裹里还有一封信，简短的几句话，告诉齐楚，愿意接收他的学校已经找到，需要国内出具一些证明，让他着手去办。齐楚躺倒床上，把信丢在一边，不一会又拿到手上看，反复几次之后怂怂地揉成一团丢进垃圾箱。有些难过。

看看窗外天已经黑了，室友们都没回来，从未觉得这寝室冷清得可怕。他翻了个身，一骨碌爬起来穿好衣服，跑到女生楼下大喊鲁晓曦的名字，喊了半天没人搭理，正要走，三楼探出了脑袋来，齐楚一看，是林琳。"睡觉呢她。"林琳告诉他。

齐楚不做声，在阶梯上一屁股坐下去。林琳看在眼里，爬到上铺去晃鲁晓曦，要她起床，"齐楚在楼下等你！"她对着她耳朵喊。

鲁晓曦醒来，"等我干吗？这不是都半夜了么？"还没睡够。

"才八点多！你快点给我起来去。"林琳一把把被子掀了，"他好像心情不大好。"鲁晓曦爬起来朝窗外望望："人呢？"跑到楼下一眼瞧见，锁在墙边成一团的，像只小狗。上前摸摸他的脑袋，毛茸

茸的头发有些湿。刚想要问"喂，你怎么啦"，他却已经起身，低着头用哀求的眼神看着她说："陪我去操场吧。"

我父母半年前离婚了。

父亲外遇，母亲承受不住自杀。父亲再婚后就出国了。

他们似乎和你父母是知青时代的好友。

把我托给你们一年。

齐楚缓慢地说着。这些鲁晓曦曾经不屑过，好奇过，追究过都没得到的答案，被他简简单单几句话交代明白。夜晚的草地上布满了湿气，坐了一小会儿屁股都湿了。"看吧……我就说你不是我弟弟……"鲁晓曦喃喃地说着，换了个姿势，把撑着地的手拿回到胸前环住腿。

齐楚笑她。"你说来说去总是这一句。"

"呐，以后还跟着我么？"

"喂，鲁晓曦，不会说点别的了吗！"

说什么呢。说今天天气不错，月亮很圆，星星很多吗。说我们在黑暗中坐在草地上即使冷也依然惬意吗？要么，说今天的数学题好难，做个一个下午都没做出来呢。还是说，哎，你明天有篮球比赛吗？谁也不愿表现出的依依不舍，沿着毛孔的空隙四处散发出来。说这个吗，你，夏天就要走了吗。

"明天，我就要开始办手续了……"

"如果是弟弟就好了。"

"对啊，如果是就好了。"

"不过，不是也好。"

"嗯？"

齐楚的手臂揽过来，热热地围在鲁晓曦的肩膀上。

"唉，我可是有男……"

远处的栅栏外面突然又熟悉的身影走过。鲁晓曦微微一怔，紧贴着那身影的，是另一个陌生人，长发飘飘。她突然站起来跑了出去。

齐楚也看到，紧跟了出去。就看到鲁晓曦拉住那个男生问："你，你们去干吗啊？"那是她男朋友唉。

"你不是睡觉了吗？"那男生反问道。

鲁晓曦的样子快要哭出来。"你们……不是分手了么？"她颤巍巍地说。

"吃饭而已这么紧张干吗！"

可刚刚追上来的时候，还看到是十指紧扣的啊。同行的女生一脸不耐烦的表情，催促男生快走，仿佛他俩人原本就和她是不相干的。鲁晓曦不知所措地站在原地，拉住男生的手渐渐松下来，落在自己衣角上，与另一只手绞在一起。

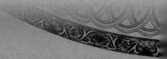

　　"让他们走好了。"齐楚一把拉住她就要走。那男生看到他神色顿时轻松了许多，很丑陋地笑着对鲁晓曦说："这么晚了，你不是也和你弟弟在一起。哼。"话音没落齐楚一拳打过来，厚重的拳头撞击骨头的声音和两个女生的尖叫声混合在一起打破了沉寂。"你敢……"男生抹了一把脸，满手的鼻血，挣扎着要爬起来。

　　"走！"轮到鲁晓曦拉齐楚，"快走啊！"

（七）

　　哎，你还蛮勇敢的嘛。

　　你还不是也只敢对我凶。

　　哎，谢谢你的维生素，我嘴巴很久都不痛了。

　　也谢谢你的核桃仁和奶粉咯。

　　干吗我说一句你就要说一句啊！

　　……

　　怎么没话了？

　　你不是不要我说……

　　讨厌。哎，你真的是我弟弟吗。

　　又来。

　　不是，我是说，你真的比我小吗？

　　我87的噢。

　　我88的！

　　……

　　那，你还走不走？

>>>I51-end

你是哆啦Ａ梦

Written by money　Artworks by adam.X

你陪我度过了童年、少年，但是往后的日子却只能与你在回忆里相见。

【法宝】

如果哆啦A梦就站在你面前，你会向它索取什么法宝呢？

"当然是美食餐布啦，那么我就可以天天吃到很多好吃的东西，更重要的是不要钱嘛，哈哈……"

"我会要故事进入鞋，哈哈，那么我就可能做做白雪公主，然后又去当一下睡美人等王子来救我了……"

"我还是比较实际点，给我一支计算机铅笔就好了，每次考试拿出来，OK！全部正确，多好啊……"

"我想到，给我爱神之箭吧，那么五班的校草就逃不出我的掌心了……"

"随意门当然是首选啦，我想到处旅游，有了随意门就哪里也去得了，也不用担心经济问题……"

"神奇橡皮擦。我想擦掉以前所有所有令爸爸不开心的事，那么他也许会走得更开心点。能够这样就很好了……"

"给我时光机吧，将过去所有的美好再重新过一遍，我很怀念看哆啦A梦的时光……"

上帝说，这个世界上根本不存在哆啦A梦，所以以上所有命题不成立。

【你是谁？】

你是谁？一直存在于我生命里，一直牵着我的手向前走。

我是野比大雄。我读书不行，经常"捧鸭蛋"；运动也不行，赛跑经常获得倒数的第一名，打球又经常犯错，笨口笨舌，经常惹怒身边的……纵使我有很多很多的缺点，可你却一直一直陪在我身边，教我做作业的是你，拉我去做运动的是你，一遍遍原谅我的还是你。

我是技安。我总是最爱欺负你，做不完的作业要你帮我啃掉，最讨厌吃的芹菜也要你帮我吃掉，回家不想骑自行车就让你带上我，请假条的理由就由你来编好了……这样的事多得数也数不清了，而你总是默默地接受着我的欺负。

我是强夫。我很要强却又怕事，记得初中有一次看见一个小混混在偷人家的钱包。当时看到了就想也没想就说："有人偷钱啊！"结果在第二天放学后被那个小混混跟着，当时吓得要命，之后跟你说了这事，你二话不说就当我的"护花使者"几个月。你就是这样的人，在我的生命里以保护者的身份出现着。

我是静香。当我发小脾气的时候你会说些软话哄我，当我心情不好而不说话的时候你会静静地陪我，当我心血来潮想去看电影的时候你会义无反顾地陪我逃课……与你从小学到大学都是同学，这种缘份强到风吹雨打都分不开。

你，你们。一直在我生命里扮演着哆啦A梦的角色，所有的平凡如淡水的情节因有了你们的参与而成为我生命里的一种传奇，或者说，能遇上你们，本身就是一种传奇。

我是哆啦A梦。我想和你们一起继续创造属于我们的奇幻之旅。

【路】

大路，小路；直路，弯路；上坡路，下坡路；康庄大道，羊肠小径……
这世上有那么多的路，究竟选择了哪一条才能走向更强大的幸福呢？

每一个都在沿着自己选择的路义无反顾地向前走。记得在高三的作文素材本上有这么两句话，一句是"选择你要走的路，走你所选择的路"。另一句是"处于青春期的我们，拥有着一种青涩的情愫，一般有两种选择，一种是不顾一切地去不顾一切，而另一种是不顾一切地去顾及一切"。那时候的我们把这两句话工工整整地抄写在纸上，还用透明胶贴在课桌上。一直以来，我们将此当作我们的信仰。而最后能做得到的人却只有小船和牛奶。

小船在高考前的一个月就退学了，然后就去了好多个地方旅游。去了她一直想去的那些地方，三个月后竟然在毫不知会我们的情况下移民美国了。

而牛奶在填高考志愿的时候，顶着父母的压力挑了间美术学校。现在她每天就在自己选的学校里画自己喜欢的画。

当初说好的几个朋友，都去了不同城市的学校继续各自的路。

哆啦A梦走着反时间的路才能遇见大雄，才能创造出属于他们的传奇。而我们到底要怎样走才能创造出属于我们的传奇呢？

只是，不管怎样，我们都记得回家的路。

【结局】

一直以为无论是哆啦A梦也好，叮当也好，又或者是最原始的机器猫，这样打闹欢笑的日子是不会有结束的一天。 嗯，那时候是没有完结的概念的。天很蓝，草很绿，大雄不会长大，哆啦A梦不会故障，稚嫩的脸都在笑，一切都很好。

可事实并不是这样的。无论是真的还是假的，哆啦A梦也有属于它的结局。是朋友在暑假的时候告诉我的，这也算是2007年一件很重要的事吧。

第一个版本是哆啦A梦没电了。大雄为了"救活"它就努力学习。在成功的那天，大雄叫来妻子静香，对她说："你看，我要按开关了。"当他按下开关后，是久久一阵的静寂，静寂……终于，哆啦A梦"复活了"，它开口的第一句话是："大雄，我等你很久了。"

第二个版本是大雄发生了意外，但没钱动手术，哆啦A梦为了救大雄卖光所有的道具，但不幸手术失败，大雄成了植物人。最后哆啦A梦用最后的法宝让大雄去他最想去的地方，结果大雄想去的地方是天国……

第三个版本是因为未来人跑来现代观光，造成现代人的困扰，所以未来政府制定法律禁止时光旅行，所以哆啦A梦不得不回去。

第四个版本是哆啦A梦回到了未来，而大雄也努力地学习向上，哆啦A梦天天用时光电视看大雄努力的样子。

第五个版本是大雄是个自闭症儿童，所有的哆啦A梦的故事其实都只是大雄的想象。换言之，大家陪大雄做了一场好长的梦。

心里竟有一点点悲壮的味道。原来是梦一场，都是梦一场。人长大了，梦醒了，该是结局了。不是吗？

自此，每次见到哆啦A梦，无论是电视上看到的可爱形象，还是现实中的哆啦A梦公仔，都会有点感伤。童年的美好回忆，竟蒙上这么一层不协调的色彩。忽然想到，我这篇文不也是在重复破坏别人梦想的事情么？

【……】

人人期望可达到　我的快乐比天高　人人如意开心欢笑　跳进美梦寻获美好　爬进奇妙口袋里　你的希望必得到　离奇神话不可思议　心中一想就得　想小鸟伴你飞舞　　云外看琴谱　系竹蜻蜓呀!　多喜爱谁都知我真喜爱哆啦A梦

哆啦A梦，你能用你的"法宝"告诉我"你是谁"吗？在回家的"路"上，童话的故事是不会有"结局"的吧。"……"所代表是未知，你还会在遥远的未来等我吗？

>>>I5I-end

光阴的两岸
Written by 林檎
Artworks by adam.X

[1]

有没有过这种感觉。

分明是一个很随机的生活场景。你刹住单车停在十字路口等待绿灯。你站在超市结账处看着一件件商品的条码被输入电脑。你向陌生的行人解释去往邮局的路线。突然发现，眼前这帧画面不可思议地熟悉。像是穿越到旧梦境或者复制了从前某个时刻。每个细节，每个元素，全部都幻象般原封不动地重现。一刹那心慌疑惑，再一刹那恢复清醒。

前后不过一秒。

[2]

并没有一个统一的规则来分段我们的一生。

童年，壮年，老年。

春，夏，秋，冬。

在故地，在异乡。

和你在一起，离开你。

凌晨两点半，我睁大眼睛平躺在床上。墙上的挂钟和枕边的手表一唱一和地滴答鸣响。时间被干脆而精确地段落成一秒一秒。以这样微小的单位飞逝掉。眼前不断闪烁着不连贯的失真画面，伴随着秒针的机械节奏。它们转换得太快，各自只延续了一秒钟。我伸手向沉沉黑暗中晃了晃，又抓了抓。

好像是一个普通小女孩的故事。

她咬着手指甲。她头发微黄。她在沙滩上玩耍差点被海浪卷走了。她把小时候收藏的同学送的旧贺年卡全都扔了。她对着一个漠然的背影涩涩地笑了。她爱了恨了拥有了错失了长大了。她嘴里轻轻说着一些话，转身向我的反方向全速奔跑过去，忽地散化作许多片分界模糊的色块，然后消失了。

我急忙又伸出手去。

什么也没驱散。什么也没挽留。

无数个从前的，一秒的世界。假如以这样微小的单位割裂我们的漫漫一生。

昨天，是小映他们回国后我们的第一次聚会。毕业两年后我们的第一次聚会。十二月二十五日，小雪。

[3]

根据爱因斯坦相对论所说：我们生活中所面对的三维空间加上时间构成所谓四维空间。由于我们在地球上所感觉到的时间很慢，所以不会明显地感觉到四维空间的存在，但一旦登上宇宙飞船或到达宇宙之中，通过改变一些条件，就能对比地找到时间的变化。

比如使自己接近光速。

极少数时候，我们会对这条虚拟时间轴的延伸异常敏感。生命按秒数呆板地分成数不尽的断层。感官将前一秒的时空独立出去，贴上"很久以前"的标签，骗了我们自己。

刚刚过去的那一秒，沉淀为一张记录下痛苦、幸福以及白日梦的黑白写真，逐渐遥遥无期的平面的记忆。而当下这一秒，已然是全新的世界。

就算还在继续安慰，还保持着微笑，还等在开始的地方，已然是全新的我们。

人，物，事。只在一秒之间，便不复当初。仅在一秒之后，便风化成又一页历史。

能想象吗？如此迅速地流失一点一滴的自己。

当光阴都不再流畅。

[4]

大约六岁时，全家赴海南旅行。平生第一次看见大海、白沙、巨岩孤岛。脱掉鞋袜，穿着长长的牛仔裙在浅滩上玩耍。不知不觉就往前走到海水没过膝盖的深度。大人们远远举着相机笑谈着。猛然间一个急浪打来，把我扑倒。整个人跌下去时，手腕重重磕在尖硬贝壳上，咸味涌进喉咙。被水流回卷的作用力向外拖动了两米左右。

就是一秒钟的事。

等我反应过来，浪已退走。剩下我狼狈不堪。想要向岸上伸手求援，可是大人们举着相机，更大声地笑着。浸透海水的裙子重到连站起来都艰难。

现在想想也许根本只是小毛孩的大惊小怪。但又确实是记忆里第一次感到实实在在的渺小和绝望。对未知下一秒的无能为力。恐惧冷冷地扑面袭来。身体失去平衡的一秒，勉强站起来的一秒，憋住眼泪的一秒。让我从此后会幼稚却固执地说道，非常讨厌海。并对任何第一次接触的事物都带点神经质地小心翼翼。

这是不是就叫做阴影。

中考结束后，花了两天来整理房间。在许久没有打开过的一个小抽屉里，找出厚厚一包贺年卡。是整个小学时代收集的。最初被久违的温馨密密包裹着。一张张从信封中抽出来，阅读内页歪歪斜斜的文字，回想末尾署名人的样子。还发现初一那年收到的卡片也掺杂其中。雅致昂贵的，简易自制的。沉甸甸的祝愿。可惜对很多名字的记忆都空洞了。

妈妈走过来说，哎，这个抽屉的大小正好可以放你那些卡带和CD嘛。

我随口应了一声。

但是这些卡片……妈妈问。

哦，都是很久以前的。丢掉算了，太占地方。我说。

"呐，这是送你的。"

"新年快乐啦。"

"怎么样，好看吧？用了整晚才画好的呢。"

一秒一秒他们的笑颜，轻描淡写地丢掉了。

不会因为丢弃纪念品而失去本来残存的印象。也不会因为珍藏它们就珍藏住相关的往事。

很久以前的某一秒，能够在多大程度上暗示并左右我们的未来。

是线索伏笔，还是荧荧的泡沫，定期涨落的潮汐。

如何去判断，如何去取舍。

[5]

小映向我推荐过不少有意思的视频。印象最深刻的是一段用手机拍摄的。半年前，我还守在冷气机前消磨暮夏，她给我发来临去加拿大之前最后一封电邮。里面只有一个网址链接。

大雪后的清晨，操场草坪上的积雪还洁净平整，几个学生从同一点出发，分成两队，手拉手一步一步在这张雪片堆积的白纸上，走出了一个巨大的爱心形状。

我把播放器的进度条拖来拖去，看他们反复地开始行走重逢欢呼，我就反复地动容，甚至羡慕。就算是低像素的青春片段。

如果丢失掉太多从前的一秒，难免怀疑起自己存在过的真实性。

昨晚回家时，雪刚刚叠落薄薄一层。我走到公寓楼下，收到小映的短信。"到家了吗？今年真奇怪啊，以往这里不都是二月份才下雪的么。小心不要感冒啦。"合上手机盖，无意中回头看一眼走过的路，一长串清晰的脚印。我微微一怔。仿佛是标记着虚拟时间轴上的一个个坐标点，串联成生命经过的证明。于是我得以知道，我是怎样走到此处，怎样活过当时。而我又想到，这样的证明其实是可笑又不可信的。毕竟它的载体只是下一秒或被覆盖或自行消融的冰晶。那么，记忆的大规模缺失也在情理之中。

其实我也明白，何必为了用安全感来取暖，而钻牛角尖去拼命挖掘所谓成长的痕迹。难道说那些欢笑相爱的一秒画面能帮助我们了解后来背离彼此的深层原因。难道说真能勇敢面对所有鄙夷自己的嫉妒朋友的诅咒别人的灰哑一秒钟。难道说我们还能回到定格住狂欢情绪的场景以此躲避七百三十天不相见就滋生的奇异陌生感。

在撕毁掉断断续续的分分秒秒后，我们没有意识到也抹煞了与之有关的许多美好。然后异口同声地说："反正重要的是未来啊。"

没错。其实我也明白。

但是，我仍然忍不住想问一句，你们真的不记得了吗？

山顶上烟火棒旁的空酒瓶。篝火点亮的闪烁容颜。MSN上通宵讨论飞机托运行李限重的问题。二〇〇四年，南京城那一场圣诞雪。

[6]

要在下一场圣诞雪时，再一起去湖边的约定。

抱歉。已经忘记了。

已经被零下的气温速冻在那时一秒的冰天雪地里了。

行李超重，只好把次要的留在身后距离一亿光年的旧世界了。

[7]

在常常潜水的论坛上，看到过这样一句话：

光阴的两岸，少年对望少年。

摆脱了哪一秒的腐朽心境才蜕变为下一秒的崭新自己。

听清了那个小女孩在跑远之前轻声说，请你离开我，以及每个停留在过去某一秒的你，一直一直往前走，我们永远永远在你背后。

好吧，再见了。

我远看对岸叠影荫荫，年华尽好。

>>>I51-end

六 SIX

Written by 知名不具
Photo by Zebra
Artworks by adam.X

Part.1.【第一笔，点】

今天你在线上同我讲话，是因为我的那句签名。

我最近读到一篇不错的小说，喜欢里面那个当配角的男生，他一直不动声色的陪伴在主角女生的身边，一直等她自己去发现——发现他的存在。

他让我看到一种自持的美好。

所以我就在签名里画了个翘起一边嘴角的笑脸，说：自持力，自持力才是王道。

于是你发来消息说——对女孩子而言，善良才是王道。

你从来都爱反驳我的观点。现在我已经学会取巧，我不跟你强争，让你发过来的辩论宣言打在棉花上，引不起任何痛感。

我的痛感。

我回过去说——纯属个人想法，不求苟同。

这样说你就没办法了，你吹胡子吧瞪眼睛吧你脸红脖子粗吧——我都看不到啊。我看不到，我就假想你很生气很生气却无可奈何拿我没有一点办法。

虽然其实每次很生气很生气无可奈何没办法的人都只是我。只是我。

看，你又发来长篇的大论，你说女孩子的善良多么难得，你说没有几个人真正做到过，你说——"你连我妹妹十分之一的善良都及不上。"

我不会再原谅你了。我才不管你那个妹妹是表妹妹还是干妹妹，才不管她是大美女还是小婴儿——我请流出来的眼泪刷刷地洗掉这些记忆，洗干净了就去睡觉。

然后把你关在我梦境的门外，重重地落锁。

我想，我和你这次真的是彻底完了吧。以往吵得再厉害，也没到人身攻击的可怕地步。

虽然每次吵完会生气的都只是我，过段时间你就跟没事人一样又跳出来打招呼了。

果不其然，三天之后你又发来讯息道歉，说之前话说过了头，请我原谅。

我看着那些预料中的字句，面无表情。

已经这么久了，我还是不太习惯和你相处的这种模式。

这是我认识你的第五个年头。

Part.2.【第二笔，横】

或许我应该再倒过去讲一下，叙述一下更早之前的事情。2001年。十六岁。我认识你。

那一年里流星花园挟卷着F4的浪潮制霸了学校里女生的话题，大家在每个时刻和地点都热烈地谈论不休。然后，某个如常的下午，在走廊的聊天中偶然插进的一句空当——"那个就是34班新来的转学生吧。"

我随着大家一起，把视线慢慢地投向你。

很久之后，有天你问我还记不记得第一次会面的情景。你说我背着手朝你踱步过来，然后突然发问一句："听说你有很多漫画书，可以借给我看么？"

你笑着说，就好像赤木晴子那样，没头没脑地问樱木花道一句"你喜欢打篮球吗？"，又傻气又厚脸皮。

要是换在平时，我保管立马跳起来跟你争辩，就像自从我认识你后一直保持的作风，更何况你还嘲笑了我。

可是我只是哼哼了两下就没做声了。伟人们一直教导我们，在没弄明白敌人的意图之前，最好不要贸然攻击。你说的这个比喻，可是樱木对晴子一见钟情的场景哦。我不知道你这样比喻是什么意思，并且，你说的那次根本不算我们第一次的会面。

那还是在一年前，我和几个同学在晚自习前的休息时间从学校里偷溜出来，猫进了街角一间昏暗嘈杂的街机室里，围坐在两台机子上正玩得起劲，有一个人忽然从后面伸头凑近看我们的游戏机的屏幕。我一抬头无意间撞见他的侧脸，忍不住眨了一下眼睛。

后来我读到一篇小说，里面那个女主角对别人说起第一次看到男主角时的情景。她说，那天他出现在酒吧里，好像让所有的喧嚣都停止了。

唔，也许，大概，可能——就是这样的感觉吧。

我没有使用"邂逅"这一类更煽情的字眼，因为这个词通常被用在"初次"的遇见里。我对你并不算完全的陌生。我刚进高中时，新结识了一帮爱看漫画的好友；大家以看惯了二维帅哥的眼光打量三维的周遭时，难免时时欷歔，好几个从初中部直升上来的女生便非常怀念以前年级里的两三个男生。你便是其中经常被她们在我耳边提起的重点对象。而那天在街机室里碰见，认识的人喊出了你的名字，一旁的我立即知道了你是谁。

没想到一年之后你会重新转学回来了这个中学。

更没想得一年前还只存在于传说中的人物，一年之后可以成为谈笑无拘的朋友。

真的，我一直都非常感谢能够认识你。

Part.3.【第三笔，撇】

十六岁花季。十七岁雨季。

这两年里的时光簿里，记载着无数和你有关的事情，一笔一笔的浓墨重彩。

你生日时我画了一幅藤崎诗织的海报图送你。一整张大对开的白卡纸已是艰巨，而我为了追求完美还决定要把背景的百合花用点画点出来。实施后才知道自掘坟墓，喊了同学帮忙，还是点到我手指抽筋。所幸背景出来的效果还是很有感觉，只是人物跟原型的脸稍稍有些不太像，但你收到时还是很高兴地拼命谢我。

某个星期天下午一起看了著名的《午夜凶铃》。已经看过几遍的你，不断在我耳边提醒我注意这段音乐，注意那段细节，我还没支撑到片尾的高潮部分早吓毛了。贞子开始爬行的时候我终于闭眼说不行了不看了，你说那不是剩我一个人在看么，这样吧，我抓着你的手，你陪我一起。你握住我的手腕，我坚持看完了全片。结束后你笑我说，真的那么怕啊，我握着你的手时感觉你一直都在轻微地抖。

一起看漫画，一起玩游戏，一起夜游压马路，写交换信件，分享喜欢的音乐，有时会在凌晨三四点偷溜出来约去网吧打反恐，甚至我还帮你做过参谋军师追女生，你也帮我策划过给男生的情书怎么写。每次在听到其他同学谈起你很帅时，我便会在旁吐槽泼冷水，嚷嚷说他哪里帅啊从来不觉得帅哥是他这样的。你就冷着脸过来说，喂，我已经不指望你帮我做人气推广，但身为朋友你也不用说我坏话这样吧。我翻翻白眼，然后两人又开始新一轮唇枪舌剑。

这样不知忧欢的无暇时光。

高三时你突然申请了转科，从原来的理科班转来我们文科班。你换教室那天，我帮你搬桌椅，还从家里带了个大水蜜桃送你做乔迁之礼。过后，你告诉我说旁边的同学问他我是不是你女朋友。我马上问你怎么回答他的。你看着我的反应怔了一下，随即笑了笑说没有理会那人。

文科班女生多，我吐槽的机会比以前多了好几倍。这项自兼的"工作"现在让我觉得有些气力不济了。有一天中午放学时，你从后面小跑上来，微笑着用平时的玩笑语气打招呼说，最近过得怎么样啊？

旁边过来两个女生喊你。我瞟一眼她们，对你甩下一句"没你过得潇洒！"，就头也不回地大步走了。

我以为这次也如往常那些口角一般，过一两天就消散了。

万万没想到你这次居然动气较了真，再不肯原谅我。我也不肯认错，只能比你更倔。

一直到毕业，我们再没有说过话。

大一的某天，我问同学要到了你的QQ号码。

然后在线上，终于对你说出：我喜欢你。我憋紧气死死盯着电脑屏幕不敢眨眼，等了大概三分钟，没有得到任何回应。

我所有的气力都似已耗尽。

我即刻关掉对话框，正准备关掉QQ，你的头像突然又闪烁着摆动起来。我将鼠标的箭头移动到那个小小的图标上，迟疑了一会儿，然后双击下去——

你回复过来的讯息说：

我已经有女朋友了。

Part.4.【第四笔，捺】

大约有两年没有你的消息。

整整分别了两年之后的第一次见面。

我们约在烧烤店喝酒。你说了一晚上关于前女友的话题。你举着杯子看着我，说："你知道我有多难过吗？"

我轻轻地笑，碰响了你的杯子，接着你的话反问说："那你又知不知道我有多难过？"

有部电影里说，这个世界上没有一个人会完全懂另外一个人。懂了，就不寂寞了。

你喝了好几瓶啤酒，还有一瓶二锅头，彻底高了。于是散场后我还得送你回家。想想你真是过分呐，喝完酒要女生送回家，还整晚在一个女生面前絮叨另一个女生。

我想你可能醉得都忘记我也是一个女生了吧。

好不容易到了家，还真是没见过你这样的人，站都站不稳了还一定坚持要刷牙洗脸了才睡。我本来打算等你睡下安顿好了我就走，可你直到盖上了被子，闭着眼睛还一直自顾说个不停。

你说，其实我一点也不介意你说我坏话的那些事……

不介意你还天天提！我顶回一句。

你笑了笑，然后说，你也盖被子一起睡吧，夜里冷，冻感冒了不好。放心，我现在一点力气都没有了，什么都做不了。

这回轮到我苦笑，原来你还没忘记的。

这是我人生中离你最近的一个时刻。你很快睡着，呼吸的气息就在我旁边。我也很累，却没有办法放松下来，在黑暗中静静睁着眼。

眼皮抗拒着睡眠。

睡眠抗拒着我。

我抗拒着你。

我抗拒你。我想变强，变得更坚强，强大到足以对抗你。对抗你每次微小的动静带给我的巨大暗涌。

我不想承认，可是已经明白某个不妙的事情重又回来了。

第二天天色刚明，我蹑手蹑脚地离开。

在接下来的一个星期里，你总共发了五次短信给我，只是非常普通地邀约出来玩。我找了很龟毛的借口逐条拒绝。我想你最好生气吧，气越大越好，最好从此就跟我绝交，最好这辈子都不想再看见我，这样最好，这样最好。

等了好久，然后你最后发来一条短信：出来谈一下吧。谈谈——我和你的事情。

我和你走啊走啊，都不说话。明明今天晚上我是特意出来把话说清楚的，我却不知道怎么起头。夏夜的河边凉风习习，路灯朦胧。我低头咬着嘴唇快要沉不住气了，旁边的你忽然站在一丛矮灌木前停住。

我瞪大眼睛。

在黑暗的枝丛间点缀着一只又一只的萤火虫，发着琥珀色的晶莹绿光，一闪，一闪，满满一树，此起彼伏。美好得像是一个梦。

许久，你终于开口问我：你觉得做朋友不好吗？

……不是不好，只是不是最好。我抿了抿嘴角，回答说。

那你觉得做恋人就是最好咯？

我低下头，陷入了沉默。

你平静地看着我，继续说着：你说过，呃，喜欢我，但是我并没有怎么感觉到过。这也许是你自己的方式，但是抱歉，我不能理解。我也只能按照自己的标准来评价，如果我喜欢一个人的话是不会这样的——你明白我的意思吗？

我明白，我不明白。我想哭，又忍不住要笑。只觉嘴角酸涩，难以言语。

要如何证明才可以？

我喜欢你。我迎视着你的眼睛，缓慢而清晰地说：或者我们在一起，或者，这辈子再也不要见面——你选哪个？

夜凉如水。

站在家门口，目送你渐渐走远，那个星空下的背影还是我熟悉的样子，多看几眼，下次不知道会是什么时候再看到了……

我转过身，做了也许是长这么大以来最干脆的一个决定：走。

Part.5.【写完了，六】

点横撇捺，四平八稳，一个"六"字。

认识你的第六个年头，我去了远方——是的，一个离你很远的地方。

我新进了公司，交往新同事，朝九晚五的规律作息。很久很久不联系，你就从我的生活里淡去了印迹。

这里的春天特别多各种白色的花朵，玉兰栀子夹竹桃，馥郁流泻。夏天的时候甚至会有台风，雨水落得漫天淹地。

比狂风更震撼的是你发来的一封电子邮件。

邮件里说，你回家时偶尔翻阅到我们高中时写过的信，感触良多。

我却在电脑前呆了好半天，什么感触都没法发出来。

每次我稍一松懈，你就会适时地出现。

然后一切重回原点。

所以，我还是用惯常的嘻笑口吻，回复你写道：是啊，你看我们那时候的感情多瓷实。

也许放弃，才能靠近你。不再见你，你才会把我记起。

秋天的海一点也没有歌里唱得那么动人。我站在退潮寂冷的海边，忽然想起挨你最近的那天晚上，我一晚都未阖眼，掏出口袋里的MP3来听，耳机里一直缓缓流淌的就是小美纯净清澈的嗓音。

"若你发现我难过，是因为你造成的，是否你敢伸出手，像我当初勇敢伸手拥抱你过？

若你只是又寂寞，怀念起从前的我，只是我没有把握，如何隐藏爱你的伤口……"

我还记得你的睡脸被MP3的屏幕幽光照亮的样子。我还一直记得。

海风很冷。泪很热。

在那一刻，我忽然想给过去的自己写一封信，告诉那个在内心挣扎了这么多年的倔强的女孩子说：辛苦了。一切都会好起来的。

都会好的。

我慢慢融进异地的生活，在双休日和共事的女孩子一起去逛街，学着吃海鲜，会了几句当地的日常方言，附近的名胜景点也有去探访一二。

非常平静而清淡的时光，只要你不来打扰我。

前两天还参加了部门在KTV举办的聚餐活动。

KTV真是一个好地方，因为有很多歌曲可以让我把说不出来的话都大声唱出来。

同事见我全情投入，便吆喝着让献一首成名曲。我也爽快应好，点了一首TWINS的新歌。《我们相爱六年》。

只是，这个歌名里的"我们"不属于这个故事，"相爱"不属于这个故事。

——只有"六年"静静地剩下在那里。

如果要总结一下和你相识的这六年时光，我想也没有别的词，应该就是"青春"了。

有些事也记不得那么清晰了。悲伤，喜悦，多而细碎。

大概就像那部电影里说的一样吧，你注定是这个世界上最不能懂我的人，因为你是这个世界上最令我寂寞的人。

我就是那个爱情里的小学生。幼稚，别扭，怯弱而惶惑。

所以得不到幸福。

不是什么"明爱"，也不是"暗恋"。

这只是一场单恋，并且还附带了一个"未遂"的苦笑后缀。

一切都未能如遂。

Part.6.【……】

总是有流行一个这样的心理测试。

题目里给出一个系列的多种事物选项，要求做测试的人选择其一用来形容自己的某位朋友或熟人。

我在自然景物里选过"森林"。在食物里选过"巧克力蛋糕"。在宝石里选了"琥珀"。在城市里选了"布拉格"。

它们都被我用来形容你。

有时候想想真的很奇妙，明明都是一些没有关联的物体，却好像被看不见的丝线捆扎在了一起，指向同一个方向的答案。

即使是概率学也不能解释的原由。如果这样也能叫做缘分。或者奇迹。

我不知道这是该欣慰还是失落。

原来你就是一直以这样一个骄傲而固然的姿态存在于我的生命里的么？

你还要这样存在多久下去呢?

我已经再没有一个六年的时间去任由你了。

最近的一次测试。我选了"山"来代表你。

"唔,我看看答案——选'山'代表是'你最想依靠的人'!哈,怎么样?准不?"朋友对照着念完注释马上以热切的眼神迎过来。

"唔,与其说是'依靠的人',还不如说是'远离的人'吧。"我打个呵欠,省略掉一个"想"字。

最想依靠的人。

最想远离的人。

——它们也都是在说你。

最在乎的人。

最重视的人。

最特别的人。

最珍惜的人。

都是同一个你。

我把你的名字在唇齿间念成一阕长短句。时间秒秒分明。

如果注定是一组平行线,那么,至少请你可以一直存在我看得见的位置。

不能相汇没关系,无法交集也可以,至少,至少并肩在我身边就可以了。

而这样,就是现在的我能得到的最好的结果。

我是在什么时刻终于明白了这个道理的呢?是在2005年挨你最近的那个晚上么,是在07年海边想到那首不能唱起的歌时吗,还是在更早以前,更晚之后?

2001至2007,六年间所有的伏线都铺向那一个既定的尾声。

最后的一句,应该在最初告白的时候就对你说,却一直没能说出的话:

再见,

祝你幸福。

>>>I51-end

POOK

Artworks by yeile

《少年残像》 七堇年 著
《妄言之半》 消失宾妮 著
《梦延年》 知名不具 著
《魅惑·法埃东》 自由鸟 著

统一定价：12.8元
2008年1月-3月 POOK第二波火热上市

校园魔幻推理
小巧 精致 丰富
POOK带给你全新的口袋书体验
快来收集独属于你的POOK卡片

《你我交汇在遥远行星》 王小立 著
《他们的肥皂剧》 苏小懒 著
《我们的最终曲》 苏小懒 著

Castor&Antares
上海柯艾文化传播有限公司

描金绘日卷

石头 - *Medusa's Lover* -
编绘：年年

01

那时，天空是努特，大地是盖伯，把它包围在远离人世的中心。

黎明时分，美杜莎听到声响醒了过来。

稍微拨开身边的书堆，才看见房间里那棵唯一的树骚动起来，它急忙转过脸在床脚找到镜子，才敢透过镜子细看树那边的状况。

一位少年从树身慢慢现出，并且小心地张望了一下周围，探寻的眼神捕到美杜莎背影后，就再没有移动过。镜中的少年向这边走来，毫不犹豫地从后面紧紧抱紧了它。

"……只有你在一直跟我说话。
其他声音再也听不见，也不再去听。
我不会离开你，我会永远在你身边。
永远在你身边。"

终于，不记得花了多少时间去期盼的第二次循环降临了。

02

相守或独等，都总有一天会到达终点。

还好，要是想不起必须拿镜子来看，少年将会因与自己对望而再次消失。美杜莎想。

"无论谁，只要跟美杜莎对望，就会立刻变成石头！是不是很可怜~是不是很可怜呢？"

这是流传的歌谣，却是事实。所以美杜莎只能居住在天空和大地间的中心，远离人群。作为对它如此孤独又被世人厌弃而作出的补偿，上天滑稽地给予它长生不老的寿命。它看上去倒不介意，也没法怎么介意，如同它所读到的书中所说每个人与生俱来的"使命"一样，使命这东西大概不可违背，并且必须以整个生命的能量永

久进行下去吧——于是唯有在房间里养了树，时常跟树说话。不记得多少千年前，树曾经也像现在化为少年的模样苏醒，只是当时美杜莎一望过去，少年立刻重新变回树的一部分。所以这回不能大意。

眼前的少年仿佛自遥远星球长途跋涉而来，疲倦地缩成一团睡死在自己床上。

书还是堆太多，毕竟……不是一个人的时候书有没有是无所谓的。美杜莎想。

03

一切重新开始。如何开始？

他们开始一起生活。同时——换种说法——看上去美杜莎孤独的生活终止了。

只要和少年待在一起，它会给自己绑上眼带。但并不代表他们相处顺利。那天干脆收起所有书之后面对突然空旷的房间，美杜莎忽然觉得有种强烈的无所依傍的空虚感袭来——害怕回不过去。少年出现前，它像穴居动物那样在无人知晓的地道里小心翼翼地过活，而现在，感觉忽然一下子被空投到没有边际又平坦得过分的大地上——多危险。

阳光投进室内的范围收窄而温度渐渐升高起来后，少年醒来。没有对话的早餐完毕，他们无所事事起来。美杜莎绑上了眼带，所以少年会握着它的手，好让它知道自己一直在它身边。现在，他们并肩坐在床边。

"抱歉，美杜莎……这样你就看不见阳光了。"少年抚着它的脸。

"但是……你会在我身边的吧。"它低下头，半推半就似的避开了一点。

少年尚未习惯使用语言，吃力表达着："你

是我唯一最重要的人。吃早餐时我一直在寻找合适的句子，想了好久才在眼前的葡萄面包上找到这句但是……它也并不完全表达我所想……我想的是……把这句话无穷无尽地叠起来……像包围大地的远方山峦那样地……"没完没了。

"嗯，我懂。"

除了时间，什么也无法证明"永远"——但时间这东西怕是看不见尽头的。美杜莎打断了他的话。地上阳光范围继续缩减，沉默却如范围外的阴影越积越多。然后，光线开始向另一边倾斜，静静漫过他们双脚。美杜莎习惯了在眼带后感受时刻，它知道黄昏快到了。

"你能出去一下？我想看看日落。自个儿……""嗯，我不会走远的。""我知道……""天黑后回来？""可以。"

听到小心的关门声，美杜莎解下眼带。光线落在不久前和少年拖了足足一天、现在却独自剩下来了的手背，像被拔掉的花。它继续观赏落日和时间是如何流走的，一动不动。除了少年渐行渐远的脚步声，周围再无任何能被捕获的声响。

少年尚在树中时已经能听见室外植物口耳相传的故事，所以外界对他并非陌生，但从终于能亲身感受这点来说，现实一切于他都是第一次会面。他好奇一切，蹦跳着沿山路跑向大地。山脚处，依然被森林包围的地方盛开着一处黄花田，在毫无杂质的落日笼罩下犹为鲜嫩灿烂，蒸出不易察觉的香气。他欣喜地走到其中——亲爱的美杜莎看上去有点忧郁，如果能带点让它开心的东西回去就好了。走到中心，看见一个小孩双手托腮正专注琢磨着什么。

"你好。"少年走过去。

"这东西很烦呢该怎么办……"小孩嘀咕着抬起头，刘海顺从地垂下让出纯净的前额。

"什么？"

"就差最后一步……你！你能来帮忙吗？"小孩眼神忽然跳跃起来，"我在造一个迷宫呢，很大的迷宫！但里面准确的路和出口只有我知道……不过嘛由于太大了出口部分我忘记是不是已经打通，所以你能替我进去看看？"

"……你自己不能进去？"

"哎！巴赫a小调还没完呢！"他指着身边一块扁圆的石头，但少年听不见有声音从里面传出。

"如果出口还没打通呢？"

"那就永远不能出来了嘛！除了我没有人会记得路！"直率的回答。

"那还叫我去？才不去呢！"

"什么~你不是才自己一个么。一个人怎么也没关系吗！"

"不是！有个人一直在等我回家呢！我最重要的人……它不会希望我走进去的！"

"是么……"小孩失望低头。

"……你才一个人呢！"少年气恼起来。

"噢……好像是！"良久沉默后，小孩终于想通了什么重大事件似的开朗起来，"怪不得我一直找不到其他人帮我去看出口！"笑脸让人想起铃铛满满的声响，"那应该是我去呢！"

"谢谢你！再见！"

小孩双手抱着也许还尚在演奏的"巴赫a小调"，毫不犹豫从入口走了进去。少年在门边等，以为他很快会出来把喜讯告诉自己，但直到天黑，小孩没有再出来。以前听外面的树说，有入口和出口的，叫迷宫，有入口而没出口的，是城堡。

少年想：也许小孩从一开始就在修建城堡而不是迷宫来着。

四下因夜色围拢而越发寂静，天空降下了一颗水晶似的透明颗粒，在他身上无声化开，接着第二颗，第三颗……铺天盖地的水晶，把他和吞

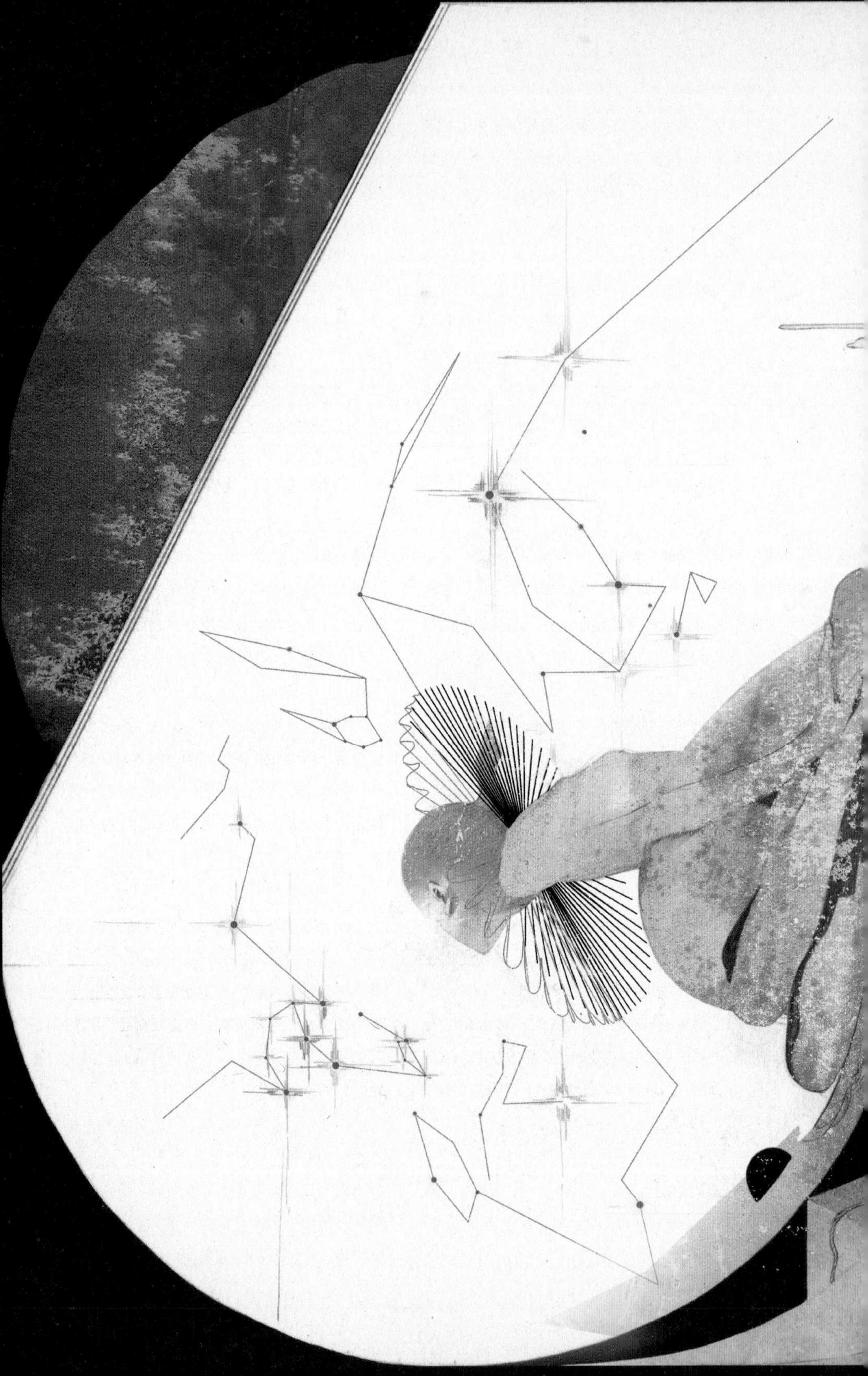

下了小孩的城堡入口密不透风地包围起来。他想起以前美杜莎对着树——自己——说的话："看见外面的大家都在庆祝丰收，好热闹……但不明白，为什么有时会痛恨这些……""雪很厉害，冷得没法做面包和看书，冷得脚趾是哪个跟哪个都分不清……可时间还是没有停下来……""今天下雨了，如果你能看到就好了。雨滴水晶一样，有时我眼中也会流出那样的东西……还是不要说吧，没有人会喜欢我的眼睛……"

少年沉沉地在雨中低下了头。压迫性的又无法回避的雨。

月光在天空正中时雨停了，少年回去。他没有向美杜莎讲述他所见，只是睡觉时他紧紧地抱住它，紧得好像美杜莎过去对他说的所有风雨雷雪要一起袭来、紧得像要阻止它走进城堡。美杜莎没有拒绝，温暖像是需要储蓄，以便失去时可以重新拿出来使用和消耗似的，它在少年怀中，在眼带背后闭上了眼，把片刻温暖专心收集起来，如同这温暖在它一生中只能经过一次。然而整晚，双脚还是透彻地冰冷。

午后，少年走到河边。清澈泛着波光的河水，与美杜莎房子的阴沉潮湿截然不同，少年不禁惆怅起来，不明白为什么自己醒来后，美杜莎的话却少了。他决定这回不要像上次那样什么也没说，应该带点好东西、至少是好事情给它分享。

不远处传来歌谣，少年回望，3个人沿河边走来。

最近少年外出次数频密了，一定因为待在这里太无聊了吧。美杜莎一边揉小麦粉准备晚餐一边叹气，自己本来就不是有趣的人，少年醒来

后自己更莫名地不想说话。所以，无法阻止他外出。

"美杜莎什么时候生日的？"少年回来后第一句就问，美杜莎因为看不见，搅拌蛋清的动作有些吃力，它停下来仔细想："……忘记了……那么遥远的事。生日就像名字，都是别人记得才有用——哇什么来的！"少年忽然递出一个扁圆柱形的盒子碰了碰它的脸，它吓了一跳。少年开始说起自己今天所见："在河边遇见三个流浪演奏家呢，一个是长笛子，然后是小提琴和大提琴。他们正要去下一个地方表演，然后送给我这东西——生日蛋糕。其实他们原本有四个人……这是为另外那个伙伴准备的，只是他昨天清晨骑着脚踏车时不小心掉到河里溺水了，当时他们另外三人正在市集那边为蛋糕买丝带……正好，今天是他生日……"

一大段后，为驱散故事的感伤气氛，少年雀跃地得出结论："所以！如果美杜莎忘了自己的生日，那今天就当作是美杜莎的生日好了！我会为你唱从他们那边学来的曲子！你也没吃过生日蛋糕是吧、我们一起吃来庆祝噢……"

"才不要这种东西！"美杜莎忽然用手推开蛋糕盒，少年勉强地接住，美杜莎低下头，蒙上眼带后少年就很难看到它的表情，只见它肩膀微微发抖：

"为什么要浸进别人的东西……为什么啊……"声音哽咽。

"美杜莎……我只想让你开心，快乐……对不起……"少年的头低得不能再低。

"这样就能开心么！那蛋糕不是为我而做的啊！"

"……那我要怎么做你才会像以前那样一直什么都跟我说呢？你总是很少话，我觉得我醒过来也许是错误……"

"怎样才开心，我自己也不知道……你现在能出去一下么……"

"也许，我很让你讨厌……"

"不是！！"

少年离去后，美杜莎解下眼带擦干了眼泪。蛋糕盒就放在小麦粉团旁边。它看了一会，然后慢慢拉松丝带，小心地垂直方向掀开盖子——果然好像在书里见过的生日蛋糕。但正中有四个小人偶，仿佛被按了开关似的，它们演奏起来。看上去动作僵硬，但传出的曲子却悠扬柔美。快乐的温暖的关切的柔软的乐声。美杜莎听入神了。旋律在梦中延续，伴着它行走在空无一物的冰天雪地里，它一直望向天边，那里有个巨大又温暖的太阳，只会沿着地平线以不被察觉的速度移动，从不落下。橙色地平线外，狂暴的风雪里，温暖总能缓缓到达它身上，拥抱它，爱抚它本应猜忌而绝望的神智，让它放松对随时出没的猛兽的警惕，却更让它越来越惧怕终有一天这个仅仅攀附在地平线上、却最为巨大的太阳会忽然下沉消失。

04

为什么越来越迫切想要看见终点？明明不想结束。

"……对不起……你以后可以，什么都跟我说么……"

迷蒙中美杜莎听到少年在自己耳边说，它没有睁开眼。少年停顿后的那一段时间内，它甚至能感觉到月亮已经过天空中心，向西边移行。

"……又去了哪里？"

"占卜师……市集里遇见了占卜师。"

"……你以后能少点出去？"美杜莎终于还是说了。

"美杜莎、你无法出去的话，我可以代替你出去看看，外面的世界一定能让你开朗起来，我每天都告诉你很多有趣的事，你一定会高兴起来的！说起市集啊那是我去过的最热闹的地方！人好多好多，有人烤鹿肉，有人拍一下拍子，猫就跳上了他的头；有人表演魔术，把一个比我还要高的人忽然缩到汤匙那么小……然后呢最后我遇见占卜师，水晶球漂亮得、我好久也没能移开眼睛……"

"不用跟我说这些。"

"先听我说……"

"我需要的不是这些……"

"占卜师说，我的情人，是非常任性又多疑的人啊。"

"什么？"

"情人。"

"那是？"

"情人。他说我这个情人很古怪。但是呢做的面包很好吃，而且，一定会永远都只喜欢我一个。美杜莎，相信我好吗？"

"我是……"

"你就是，我的情人。我会永远在你身边。这是我跟你第一次见面就说了的话，你是不相信，才讨厌我对么。"

"不是讨厌，只是……不习惯，该怎么办……我总是只能说出那些我原本最不愿意说的话，不得不那样做似的，忍不住越踏越深……总觉得要是一旦幸福起来，我们变得要好，一切就会一下子滑向终点然后无法挽回……"

"你害怕终点吗？但我不。我说的是'永远'，永远。那是能超越终点的东西。而且怎么会有终点呢？我们会每天一起吃饭，一起睡觉一起说话的啊，不是复杂的事情。"

"没有终点……"

"你的手还是这么凉啊，一起睡吧我很暖和。"少年握起它的手。

"如果我们是情人，那接吻……可以么？那

种……普遍意义上的……"

"可以。以前你经常跟我说，好奇人间的热闹。我想往后我可以慢慢告诉你这些。如果你喜欢，我也会喜欢，如果你痛恨，我也会恨你所恨的……因为我们的时间没有终点……"

"你不会去恨……你一直这么愉快……"

"会的。"

它感觉到少年的气息凑近，第一次这么近，近到能从皮肤上感受他的呼吸，很平缓很暖，好像可以长久平缓下去，永远平缓下去，在梦中那样荒芜的大地之中也能平缓下去……也只能在这一刻无限循环地平缓下去……美杜莎睁开眼睛。

之前推开盒子时的手上还沾着小麦粉，隐约碰到了少年的脸。现在，它可以看见，他脸上尚有一点粉末。因为这一刻他们靠得这么近地对望了。

05

你的出现和消失，如果不是我的责任该多好……也不是的。

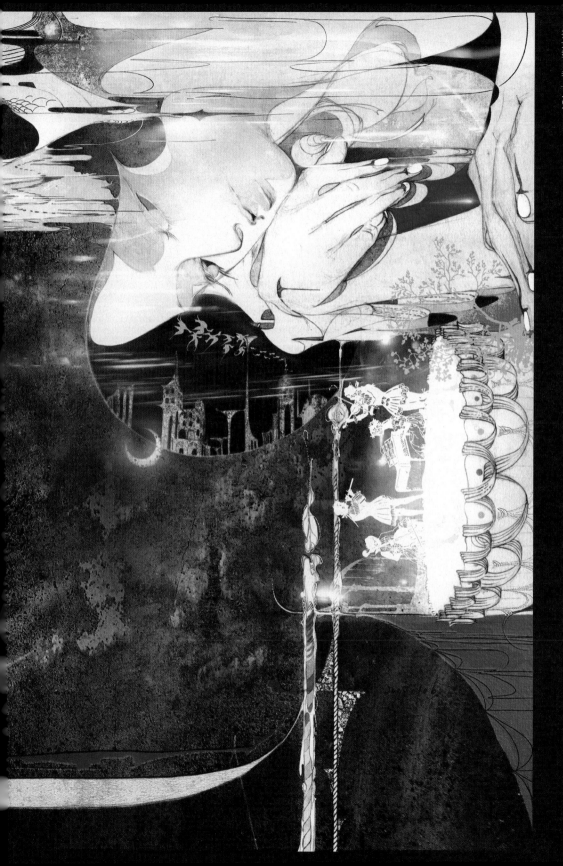

少年停
止了呼吸。凝固
起来。被树枝重新包
围。耳朵上的枯树重生……

躁动片刻的潮汐的假象，随月亮西
移，其残肢缓缓退回漆黑深海。

06
漫长到已经分不清是无望还是安心。

室内足够潮湿，树不用怎么浇水。
美杜莎以为少年与它对望后不会变成石头，曾有那么一点点期盼奇迹会出现；
但占据了内心绝大部分企图的，不是这个。总之目的达到了。

除了等待，已经没有任何事能让它回复安心与惬意。

树再次长出巨大的枝叶，美杜莎无法忍受生命萌发的涩味逃了出去。它选一条最偏僻的林中小
径，避过市集恼人的喧嚣继续前行。烈日与树阴交错的光斑快速掠过眼球，不需要眼带之后的它尽
情感受着它们的跳跃，仿佛将有乐声传进耳朵，但很快所有未成型的音符都被风迅速拉成单薄的线
向身后退去。黄昏时它爬上一个绿色土丘。到了晚上，大地的一切只剩月色，披上了石膏般冰冷的
雾气。它来到最接近月亮的湖边，湖水闪着鳞光。发呆了一会，它依树坐在湖边，开始慢慢地没完
没了地整理指甲。刚开始是食指，然后每个指甲慢慢弄，有时用牙齿啃，仿佛整理指甲是它唯一的
使命。世界无垢般冰凉。

过了很久，它和它的影子和它在湖中的倒影一起，终于疲倦地睡着了。
等待又开始了。不知道发生在什么时候的下一次的相遇，取暖，接吻。阳光的温暖继续铺满梦
中它那平躺着的身体，以及眼皮外被时间无时无刻推进着的陌生世界。
月光依旧满泻，树影往返摇晃，无声息地开始缓慢而冷静地破损、分解它的身体。

>>>151-end

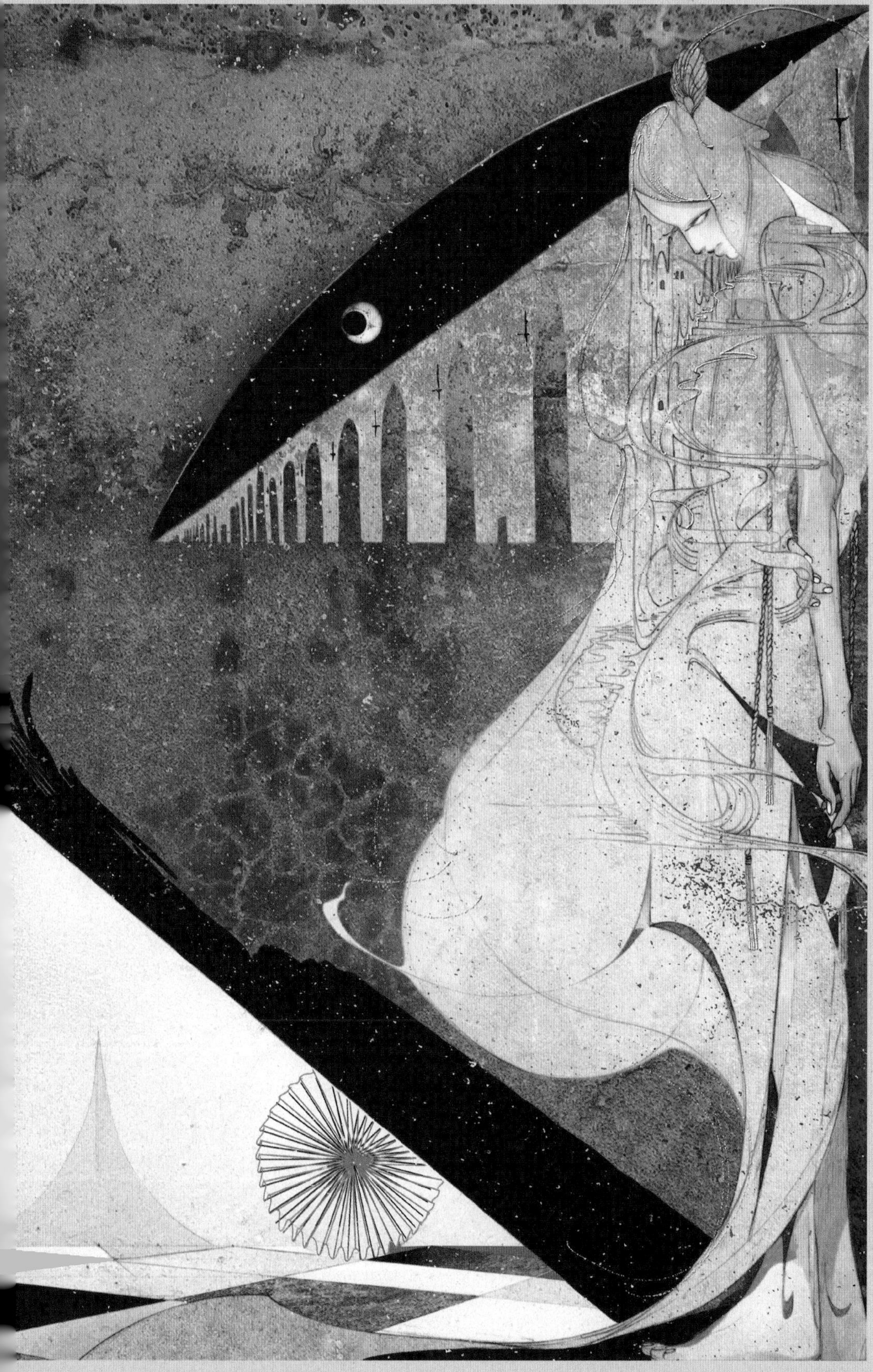

森林里没有音乐了

图/扫把 文/大把银子

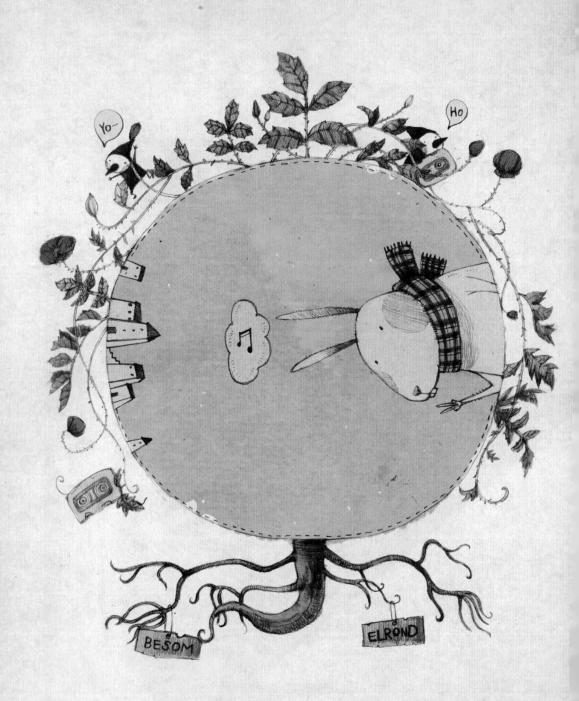

兔子纳迪得到了一盒磁带。

磁带是从树上掉下来的，它成熟了。

兔子纳迪从熊家阿婆那儿借来录音机。
磁带开始转动，这是一个美妙的故事。

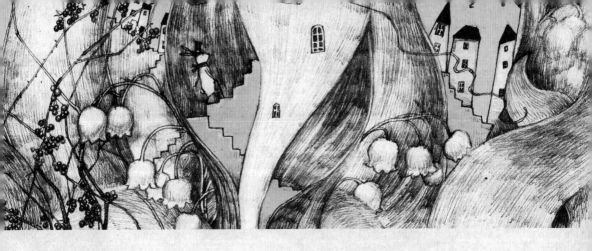

不，不是一个故事；因为在一个惊险的转折处，磁带播完了。

兔子纳迪回到树下，等待下一个果实的成熟。

戴礼帽的兔子掉进洞之后发生了什么事，他实在很想知道。

三个月后，又一盒磁带成熟了。

戴礼帽的兔子去了一个奇异的王国，那里
的王后会用火烈鸟打曲棍球。

戴礼帽的兔子参加了猫的茶会，后来被王后判了死刑。
王后大叫"砍他的头"，这时——卡。

兔子纳迪天天到树下看，可下一盒磁带，才刚刚长出了一点点棱角。

树的果实结了一茬又一茬，兔子纳迪真的老了。

可戴礼帽的兔子什么时候才能回到那棵午睡的大树下呢？

熊家阿婆说，一棵故事树的平均寿命是五百年。一棵树就是一整个故事。

无尽 [长篇系列连载]

《七踪少女》

第二部·南向冒险家 爱礼丝 114

大雨里双眼发红的英雄。
他把宝剑插在空旷的雪地上。他的盔甲丢在了遥远的地方。

南向冒险家

Written by 爱礼丝
Artworks by adam.X

#00

如果把人生分成几个阶段，分别用轨迹来形容的话，那向南的人生一定是线段，线段，线段……构成的一整条直线。他的人生永远维持在两点之间，家与学校，朝夕往复。寻久常常说向南就像沿着直线不断校正运动轨迹的质点，也许一年都不会产生几次偏差。

而如果用这样的方法来形容寻久的人生，那一定是线段，抛物线，振荡曲线……然后……

并没有然后。

那以后再没有新的轨迹。

于是向南的人生开始改变轨道，从属于寻久的断点上穿了过去。与此同时，也不断有其他的轨迹在这点上交错，渐渐织成一张巨大的网，汇成了叫做命运的东西。

#01

距离私立星华中学不远的巷子里站着一群人，被包围在中间的少年，身上穿着藏青色校服款式的长大衣，过于清秀的脸庞上眉头簇得紧紧的。银色的校徽别在左胸的位置，正中镶金的阿拉伯数字"1"被眼前几个拉长的人影遮挡了光芒。他的呼吸很急促，但表情却相当镇定。少年用警惕的目光看着包围他的男生们，只是他过于娇小的身材让人完全感觉不到什么压迫感。

"长得真像个妞儿。"

不怀好意的男生们像是野生动物玩弄猎物般将少年围在中央，为首的男生察觉到对方攥着书包背带的手又紧了些，脸上的笑容就更加肆无忌惮起来："我还以为你不会害怕呢。"

"不过是人体生理组织的正常收缩罢了。"被包围的少年对自己这一没骨气的行为闹别扭似的低声抱怨，毫不退缩地瞪了他面前的男生一眼。这种挑衅般的举动，造成的直接后果就是被人狠狠地推了一把，连书包也被飞了出去。

"还我！"

就在少年和人争抢着自己的书包，连眼前仅剩一丝光线也被从各个方向压过来的身影遮挡的时候，他终于在狭窄的视线范围内捕捉到一个人影，一个相当熟悉的人影，他想也没有多想就对着巷子口的来人叫出了那个名字。

"帮我，寻久！"

像是带着魔力的话语，每个人都因为这个名字而转过头去。

#02

向南给寻久起的外号是Mr. perfect，完美先生。

聪明、体育万能、擅长交际，即便是第一次尝试的事情也能做得很好，至少向南从来没有看到过他失败过。所谓的"从来"是从他们幼儿园的时光就开始的，也常被用来加在一个短语前面作为形容词——"没有分开过。"

十四年从来没有分开过。

在他们比邻而居的十四年中，两家的关系一直很亲密。与其说是一直在一起，倒不如说是向南一直在追着寻久，而寻久也一直在配合向南。

寻久也会开玩笑说："小南，你能跟着我到什么时候？"

向南则会回答："无论到哪儿，只要你说一声，我都会跟着你的。"

这样的情况一直持续到去年为止。去年秋天寻久的母亲因自杀离世，原本就是单亲的寻久被祖母家接到了别处。向南还记得，就是从那时起，母亲开始板起面孔禁止他和寻久来往。在他追问原因的时候总是叹气，闪烁言辞不肯回答。

从此两人之间似乎被划下了无形的界限。

不仅仅是距离上的。

但两家人都不知道，即使家不在一处了，向南和寻久还是会每隔一段时间偷偷见面。可能是几个礼拜也可能是几个月。

每次见面，向南都会发觉，寻久身上正不断发生着他无法了解的变化。

寻久说，他想做一个冒险家。

他会一个人骑车到远离学校的江岸看日落，也会在郊外一眼望不穿边际的绿色田野里午睡，会在无人的废弃仓库里一呆就是一个下午，也会坐轻轨从城市的这端到那端，什么都不做只是静静地看着这个城市和城市里的人。

他会让自己的足迹遍布整个城市，然后带回各式各样的纪念品。

向南喜欢他把来自城市各个角落的不知名的金属片和管道收集在一起敲打出的音乐，他们一起倾听属于城市的音色.

寻久说，向南，这就是冒险家。

寻久一直想要去到更远的地方。

在他们总是见面的山坡上，他曾不止一次地指着山脚下微小得如同工艺品般的城市对向南说，你看，这是怎样一个庞大又美丽的世界。

向南总觉得寻久这样说的时候像是在压抑着什么，他也曾经盯着寻久追问，你到底怎么了。

向南你还是很关心我的嘛。寻久只是维持着他一贯的笑容，然后岔开话题。

不说算了。渐渐地向南也就不再问什么问题了。

就这样在一个又一个午后，一个少年缓缓地叙述，而另一个少年默默地聆听。

直到最后一抹夕阳的昏黄消失，世界浸没在无尽的夜幕里。

#03

"你倒是挺有毅力的。"

也不知道跑了多久，追骂声才完全从身后消失。跑在向南的前面的林伊宁停下脚步，靠着墙壁大口大口地喘气。

她之所以这么说，是因为看到了向南的校徽。

市立第一中学和私立星华中学一南一北分别坐落在城市的两端，是这座城市里最出名的两所高中。而向南的身上的校徽正清楚地宣告着他是市立第一中学的一员。对于这个看上去娇小清秀，如果不是穿着男生制服恐怕会被错认为女孩子的少年，林伊宁还是挺好奇的。这么一个乖宝宝气质的人，特意横跨了一个城市，就为了惹上那么一帮凶神恶煞吗？

与此同时，向南也正注视着眼前这个正和自己搭话的"路人"——身形和寻久相仿，逆光走进巷子的一瞬几乎让向南产生了错觉。大概是他太过期望寻久的出现，才会把这么一个截然不同的人错认成了他。该怎么来形容呢？如果说寻久是只能感觉得到却永远无法抓住的风，那这个陌生的少年则是一块会流淌出不同光彩的宝石，眼睛似乎无时无刻不在变换着不同的色彩。

向南并不知道，这是因为对方正在打他的主意。

由于向南的错认，让那帮男生误以为两人是同伙。向南是乘机找到了逃出去的机会，林伊宁可是倒霉地跟着被追了一路，至少要让她得点好处再走吧。

"今天真是谢谢你了，一中，高二（3）班，向南，能告诉我你的名字吗？"向南带着歉意地向林伊宁伸出手。

"星华，高二(4)班，林伊宁。"

"哎！？那你一定认识寻久！"

少年控制不住力气扯疼了林伊宁的手，褐色的眼珠因为内心的强烈愿望映射出不一样的色彩。尽管不忍心打击他，林伊宁还是很无奈的解释道：

"……其实我今天刚转学啦。"

双眸随着话音瞬间黯淡了下来，即便是想要补救地马上接了一句 "不过我想过几天我就会认识他了。"回应的声音依旧是干巴巴的——

"不可能了……"

"他不是高二（4）班的吗？"

"曾经是的……寻久他，已经死了。"

这就是你横跨一个城市来到这里的原因吧。

并不需要问出口就已经知道答案了。

#04

"你你你，你是女生？"

"和你比起来我确实不够像啦。"

即便是回到住的地方，林伊宁回想起向南知道自己性别时的反应，还是觉得有点好笑。

林伊宁很瘦，有细长的脖颈和手指，身体则被时下流行的宽大连帽衫包裹着，头发短短地只到耳边，一眼很难分辨出性别。再加中低的嗓音，她倒也能理解向南那副不可置信的样子。在她做这样的打扮时能一眼就看出真实性别的，也只有上次在路上偶遇的那个陌生少年。

而对于一知道她是女生就坚持要送她回去的 "小绅士"向南，林伊宁还是挺有好感的。也因此坚定了想要帮助他的想法。

"今天那帮人为什么袭击你？"回去的路上，两个人聊起了今天发生的事。

"我猜想是因为寻久，因为我问了寻久的事。他是我的从小一起长大的朋友，上个礼拜在学校里自杀了。"

"啊……"

听到女生轻轻地叹息，向南的眼里闪过一丝犹豫，他咬了咬下唇，像是下定什么决心似的再度开口："但是寻久他是绝对不可能自杀的，我一定要找到其中的真相！"

今天是向南人生的第一次冒险，然而到此并没有完全结束。

#05

寻久为什么不可能自杀？

向南还记得三年前在寻久母亲的追悼会

上，寻久曾经发过誓，绝对不会选择和母亲相同的道路。那时候寻久坚定的表情还非常清晰刻印在向南的脑海里，他相信，寻久并不是一个会轻易破坏自己誓言的人。

"这个人就是寻久？我见过他。"

"哎？"

第二次见面是在星华附近的甜品店里，女生无视向南惊讶疑惑的神情，指着照片里的男生自顾自地继续说了下去，"大概在半个月前，我曾在在一家网吧门口看到过他。"

林伊宁的记忆里一向很好，但是也没有好到随便一个路人都能记得很清楚的程度。但是要她忘记这个有过一面之缘的男生还真是挺困难。

她还清楚地记得那天晚上，她和往常一样随便找了个网吧想打发时间，走到门口的时候，因为走神肩膀和人撞在了一起。

"这么晚了，一个女孩子再逗留在这种地方会有危险哦。"

被撞到的男生没有抱怨，反而带着暧昧的口吻凑在她的耳边轻轻留下这么一句话。在林伊宁还未来得及细细体会那种温柔得让人想要沉溺其中的语调的时候，男生就被从网吧里跟出来叫着"久，久"的女生追着走远了，只留给她一个融于夜色之中的背影。

没有想到那样特别的一个男孩子如今已经不在人世了，这就是所谓的世事无常吗？林伊宁一时有些感叹。那时她所目睹的那一幕倒变成了他们找寻寻久自杀真相的线索。

根据向南所说的，寻久曾经间或地提起过他在同年级里有一个正在交往的女友。喜欢寻久的女生一向很多，但是在升入高中前他都没有和谁固定交往过。最好的朋友突然有了亲密

的爱人，倒让向南生出了些寂寞的感觉。

那天下午他快要出门的时候接到寻久的电话，说是今天有事没有办法见面了。寻久在电话里的声音很轻快，听得出心情相当不错，他说女友有事要找他，所以想把和向南约定的见面推迟到明天。

"那明天可别再失约了。"

"一定不会的，明天老时间老地方见。"

那时寻久的回答还记忆犹新，但是他的承诺却没有实现，四个小时之后向南在电视里看到了市立第三中学某学生从楼顶坠下自杀的新闻。

整个世界如同庞大的机器从那刻起停止运转，光线都被掐灭，黑暗里安静得只剩下磁头倒转的声音。然后有关寻久的记忆变成无数个画面开始快放，静止，又快放……记忆里熟悉的话语化为洪流，冲撞着大脑的每一个角落。轰鸣回响在耳际，声音越来越嘈杂，压迫着他的神经。

最后定格在一个画面。

并不是寻久，而是电视屏幕里那滩刺目的血迹。

#06

"阿久，为什么大家都非要选择死亡不可呢。什么都还没有做，就离开这个世界，不会很痛苦吗？"

"因为比起一个人被留下来，死亡并不可怕啊。人虽然不能选择出生，但是却有选择死亡的权利呢。"

#07

"……我回想起的时候才发现那天很不寻

常，明明是周六，他却说要去学校。"

"照你的说法，他应该是去见女朋友了。"

"嗯，我想不管怎么说，先要找出照片上的这两个人。"

向南带来的照片是一张三个人的合照，照片上另外一个男生叫左书宜是寻久的朋友，而那个女生，寻久则没有提起过她的名字。之所以没有提起，是因为那时寻久是故意要让他去问的，但如果他问了，寻久肯定不会立刻告公布答案，而是会吊着他的胃口在一边看热闹。

向南是一个想到了什么就会马上去做的人，那是他极少地几次克制住了自己没有因为好奇心而被寻久捉弄。

现在回忆起，却也永远错过了，听寻久亲口说出她是谁的机会。

·

所以在翻出这张照片的当天，他就立刻去了星华打听照片上两个人的消息。

寻久显然是在学校里很受欢迎，问起的时候好几个女孩子都为他红了眼睛。但说到和寻久交往的人，大家却都一致口径地说寻久并没有和任何人在交往。至于照片上的女生，只有几个人说是见过和寻久一起，但不知道具体是哪个班级的。

再问起左书宜的时候，倒比那个女孩子有名了许多。很多女生都认识他，只是她们大都不愿对他谈及太多。

"他一定是有神经病的，只有寻久人好才愿意理他。"

"学长出事之后就转学了，连学长的最后一面也没见上。"

"我和他们说我是寻久的朋友，有一件东西是寻久想交给他女朋友的。希望她们帮我去

打听一下……没想到之后就遇上了那帮人，他们说认识寻久，要告诉我寻久的事，结果……"

"你倒是蛮好骗的，无论谁只要提到寻久就能把你卖了。"林伊宁忍不住调侃了向南几句，看见到男生可爱的脸庞渐渐有"成熟"的趋势，毫不掩盖自己的恶趣味笑出了声来。

"这样就生气了？你也真有趣。"

"哪里有趣！"

"我还真是喜欢看你生气的脸。呐呐，更生气一点。"

向南发现自己的行为似乎是正中了对方下怀，只能撇开依旧通红的脸孔，向无奈地岔开话题继续说下去。

"我想他们可能是想要这个吧……"小心地从书包里掏出一只包装好的纸盒，这就是他们上次见面的时候寻久难得露出认真的表情托付给他保管的，说要交给他最重要的人的东西，不过他越是这样时候反而更会让人觉得其中大有阴谋。

"别告诉我你还没打开过。"

"当然没有，这是寻久要送给他最重要的人的东西，怎么能随便打开呢？"

"你还真是稀有动物呢。"林伊宁从向南的手中抢过纸盒，非常迅捷地开始着手打开包装，"说不定打开以后有什么惊喜呢。"

"不行！你不能随便拆寻久的东西！"林伊宁还没有找到下手点，盒子就又被向南夺了回去。

"真不知道你在坚持什么？"林伊宁脸上还带着笑容只是语气僵硬了起来。

"每个人都有自己的原则。"向南也定定地看着林伊宁一点也不退让，"这是寻久唯一留下的东西。"

"原则啊，你坚持原则话，怎么不打110

来解决你的问题？你以为我们现在是在玩《名侦探柯南》的cosplay吗？我看你就应该睡一觉，把什么狗屁寻久的事都忘掉！"

"不要！无论是忘记寻久的事或者是打开寻久的东西我都不要！"

"那就恕我不奉陪了！"

#08

向南还记得以前常常被寻久说成是死心眼，一旦下定决心就很难改变主意。

"这并没什么不好，你的特色嘛。"寻久总爱这样调侃他。

在这次的事情上也是一样，他不愿意改变自己的坚持。

"就算只有我一个人，我也会努力查出真相的。"况且他本来也是这么打算的。

林伊宁无奈地听着男生的宣言，最终还是折了回来。她也不知道为什么，明明不关她的事却没办法放下不管。不知道该说向南是单纯好，还是天真好，偏偏又倔强让人火大。如果真的放着不管的话，恐怕会出乱子的吧。

"算了，我换个说法，如果你要送一个病人去急救，走大路要一个小时，走捷径只要十分钟，但是要走捷径的话要穿过一块草坪，而草坪前有块禁止践踏牌子，你就不从那里走了吗？"

"不……"

"原则、规则什么的一直都存在，但并不代表我们就要丧失自己的判断不是吗？寻久对你来说是很重要的人吧？为了他你就不能丢掉那些可笑的原则吗？今天只是打开一个盒子，明天也许就要欺骗一些人，伤害一些人……你

要是做不到，现在罢手来还得及……"

两个人对持了很久，最终向南默默地点点头。将礼物盒塞到了林伊宁的手里。

而林伊宁叹了口气，并没有急着打开盒子，只是仿佛在鉴赏一样宝物般，凝视着包装得精美的纸盒。

对她自己，对向南，也许也包括寻久……想要守护一些珍贵的东西，就必须失去另外一些东西。

无论什么时候，都是一样的啊。

#09

"那边那对情侣好可爱呢。"

每被这么说一次，向南就多了一分无力感。虽然觉得从书包里翻出棒球帽、黑框眼镜以及星华制服的林伊宁是早有预谋的，向南还是屈服于她的"淫威"下换了装。变装确实是可以更好地保护自己，只不过他的牺牲似乎大了一些。感觉到腿之间凉嗖嗖的，他只能说第一次穿裙子的经验并不好受……

"我变装就算了，你不是星华的学生吗？为什么也要变装？"

"就因为是星华的学生所以才更需要变装，我们可不是去做什么慈善事业。"

林伊宁拉着向南的手趁着课间休息，伪装成晚归的学生混进了了学校。扮成情侣是林伊宁的建议，她说这是潜入时最安全的做法，独自一个的话很容易会被搭讪而露出马脚。只不过角色颠倒了过来，林伊宁扮成了男生，而向南扮成了女生。

在他们潜入之前，林伊宁就已经去其他班上打探了一番，奇怪的是并没有发现寻久照片

上的女生。

偷偷摸进媒体大楼的计算机房，看到林伊宁动作很熟练地敲击着键盘，向南只能百无聊赖地在门口放风。根据林伊宁的说法，她需要在最短的时间进入星华的数据库，阅览一遍高二年级的学生档案以确定照片上的那个女生到底在哪个班。

"计算机课，老师都会把网络关了，根本没办法下手。"林伊宁边快速地拖拽着鼠标边抱怨。

只是想要不被发现是十分困难的。

"你们是几班的？现在计算机房是不开放的。"

"啊……就是来拿个之前忘记的东西的……我们现在就走。"老师出现得比想象中更快，林伊宁应了一句，又敲了几下键盘，关上电源，就拉着向南走了。不过下楼的时候，向南看到她偷偷比了一个"V"的手势。

#10

不敢在楼里多做逗留，两人一路无言地走了出去。向南这才发现楼底下放了很多花束，堆成一个小堆。看样子有许多天前放的，也有才放不久的。

他一下子感觉呼吸困难了起来。

正巧有一个女孩子抱着花束走了过去，向南忍不住追上去问了一句：

"是送给寻久的吗？"

"不是……"对方像是反射性地回答之后才又改口，"啊不，是的……"

原本背对着向南的女生转过身，一时间向南无法掩盖脸上的惊讶，眼前的女生正是照片上的那个人。

#11

我所不知道的你，像覆盖了整个冬季的大雪，明晃晃地刺入眼睛，留下一整片空白。

又在一夜之间消融在空气中。

仿佛从来没有存在过。

#12

"怎么了，我脸上有什么吗？"

见对方一脸不解地望着自己，向南这才回过神来，努力地掩饰道："你很像我以前一个朋友，所以……"

"真巧，我也觉得你有点面熟呢。"女生友善地笑了笑，像是相信了向南的解释。

这个时候林伊宁也走了过来。

"怎么了？"

向南摇摇头正想着怎么回答，女生自我介绍了起来。

"我叫邱思宁，高二（7）班的，你们呢？"

"伊零、北向。"林伊宁指指自己，又指指向南"初三（5）班的。"

小十可真是表演系的，向南心里有些紧张，但都打扮成这样了，应该不会被识破吧。

"嘻嘻，你们的姓氏都很特别呢。"女生并没有起疑，只是听到他们的名字忍不住笑出声来，后面一句话就不自觉地跟着脱口而出了，"我有一个朋友，名字也很特别呢。"

向南心里一动，她说的朋友莫非就是寻久？

就听到林伊宁用清朗的声音问道："哦，你朋友叫什么？"

#13

出乎意料的是，女生说出的名字是"左书

南向冒险家

Written by 爱礼丝
Artworks by adam.X

宜"。

但仅仅是这个答案也已经令向南忍不住想要问她，你们和寻久究竟是什么关系。还好林伊宁及时拉住了他，用眼神暗示他现在还不到时候。

"看你的神情像是喜欢的人呢……"林伊宁状似八卦地问了一句。

"算是吧。"女生淡淡地笑了笑。

"他也在我们学校？"

"他……已经不在了。"

邱思宁摇了摇头，似乎是不愿意将这个话题继续下去。

"看你来献花，我还以为你喜欢寻久学长呢。"

女生依旧不说话，只是看着那个花束堆成的小山。

"那你知道寻久学长在和谁交往吗？"

"我倒也想知道谁会喜欢那种人呢？"

随着上课铃声的响起邱思宁匆匆地离开了，而向南目送这女生的背影远去，感觉自己好像离寻久自杀的真相也越来越远了。

#14

"这样算有收获吗？"

"最低限度，我们可以知道她……"林伊宁举了举手里的照片，"并不是寻久的恋人。甚至对寻久有一些负面情绪。"

林伊宁拉扯着向南的脸颊，看到对方沉浸在沮丧的情绪里一副没有反应的样子，偷偷从兜里掏出手机更加坏心眼地笑了起来。

"呐，寻久究竟是个什么样的人啊？"林伊宁一边分散向南的注意力一边将手机调整到了拍摄状态。

"……是个什么都做得到，无论做什么都比我强的人。似乎每个人都喜欢他，都想和他成为朋友，尤其是那些女孩子，他对女孩子特别的温柔。"

向南说的很入神，完全没有注意到林伊宁在搞什么鬼。

"那，还是要找到那个会比较方便吧？"按下拍摄键，林伊宁又开始捕捉下一个角度。她所说的"那个"是寻久留下如同谜题一样的礼物——

一把普通的钥匙和一张卡片。

我送给你的礼物就是一场最盛大的冒险哦，宝物就在冒险旅程的终点。真想和你一起来呢，不过我更加期待你自己找到宝物时的表情。

——伟大的冒险家寻久

PS.第一个提示是：银河铁道车票。

"送给女朋友的猜谜游戏吗？还真是给我们留下的大难题呢。关于这个银河铁道车票，你有什么想法？"林伊宁无奈地问向南。

"也许去寻久留下的网站能知道点什么。"向南倒是满惊讶无所不知的小十也会有不知道的时候。

"他还有留下网站啊。"

"嗯，是他自己的blog。"

"那这次就没我表现的机会了。"林伊宁摊了摊手，一副不以为然的样子，而向南只是吐了吐舌头不和她计较。

"好怀念啊，以前我和寻久都超喜欢的这部漫画呢。"就如向南所想到，寻久的blog果然留下了线索。一篇有关于儿时回忆的日志。

日志记录小时候向南和寻久一起向家里央

求报名作文班的事。除了他们可没有人知道，两个孩子上了一个多月的在图书馆阅读室开课的作文班仅仅是为了能在课前和课间看一眼漫画。明明是看了几十遍的情节，都不会觉得腻。

"银河铁道车票就是可以载人到任何星球的车票，只是在任意门发明以后就被废除了。大雄曾经错搭过单程银河铁道火车到外星，没办法回去，最后还是机器猫找了他。"

"被废除的轨道吗？这个城市倒是有一条呢。只不过具体的地点……"

"我想我大概知道。"

那是寻久曾经描述过无数次的，即使闭上眼睛也能感受得到不断蔓延开的生命气息的，看不到尽头的田园。

而一条被废弃了多年的铁路在正是那里沉睡，可以嗅到和青草混合在一起的铁锈味道。

#15
"向南！比个V！"

"哎？！……林伊宁！不~！准~！拍~！"

"难得女装留个纪念嘛。"

"手~！机~！交~！出~！来~！"

#16
晚上8点的时候，向南的手机响了起来，还没有完全习惯手机存在的向南也因此回想起了之前与林伊宁对话的情形。

"你的手机号码？"

"……没有。"

"没有手机？"

"嗯。"

"你居然没有从地球上灭绝……"

林伊宁随手从包里掏出一只半新的粉红色手机，塞到向南手里。"先拿这只用吧，虽然比较女孩子气，不过和你倒挺相配。"

"我不要，太贵重，不能收。"向南马上推了回去。

"你别感觉太好了！又不是送你的，没手机联系起来不方便，回头要还我的哦，记得自己买去张卡，我的号码是……"手机被直接塞进了向南的书包，林伊宁掏出一支圆珠笔，就在向南的掌心写上了自己的号码。

笔尖陷入皮肤，扎得柔软的手心微微发疼。向南皱了皱眉，接着就感到对方的用力放轻了一些。眼前的这个女孩子，尽管总是拿自己开玩笑，命令自己做这个做那个，但其实是个相当体贴的人呢。

向南回想到这里，才又意识到一直在响的手机，并不需要看来电显示，知道自己号码的只有那么一个人。

"喂……"

"这么久才接，你在哪？"

"地铁上。"

"我今天一直在星华的BBS上查资料，明天见面详细谈吧。"林伊宁快速地敲击了几下键盘把数据库里自己入侵过的痕迹抹去，而向南是不会猜到她是用这样的方式 "查资料"的。

"好。对了……"

"怎么了？"

"小十，我今天找到了第三个提示。"

#17
打电话回家谎称要出板报，向南并没有同往常一样，在放学之后沿着那条熟悉的路回家。而是直接坐上了轻轨去往寻久常去的废弃仓库。

如同第一个提示所指引的田园一样，这是他一直想看到的寻久的世界。

铁锈斑驳的墙壁。

弥散在空气里的异味。

目光并不友好的流浪汉。

"其实只要你说一声，我就会追着你的。无论到哪里……"

"最先没有履行诺言的人是我呢。"向南叹了口气，独自踏上了这片陌生的地域。

#18

"你能这样跟我多久啊"

"只要有心，多久都可以啊。"

"一辈子？"

"一辈子！"

"真像小孩子说的话。"

"阿久自己明明也才初一！"

#19

哈哈，找到了吗？不过这才是第二个，一共有四个提示，还有两个要找呢！

——伟大的冒险家寻久

PS.第二个提示是：世界最强女性

"是你吧？"两天前找到第二个提示的时候，向南的第一反应是转过头问林伊宁。

"……你是想夸我还是骂我。"

原本还是想通过寻久的blog来找线索的，却没有想到他们只是两天没有访问，blog上所有的日志都被全部删除了。

"不会是寻久的幽灵干的吧。"

林伊宁的玩笑换来的是向南鄙视的目光。只是好在这次的谜题并不难，之后他们只是静下心来思考了一番，寻久就找到了答案。

"应该是春丽吧。"

"哎？"

寻久曾和向南说过城市西南角沿河的废弃仓库，很像《街头霸王》中的一个场景。《街霸》是他们两个人以前最爱的格斗游戏之一。寻久总是喜欢用春丽这个女性角色，家附近街机房里的最高记录保持者一直是他。"世界最强女性"也是他胜利时常挂在嘴边的称号。

"其实寻久的提示都不难，都是他以前最喜欢的东西。《机器猫》也是，《街霸》也是。"向南看着于里不知道被藏匿在塑料袋里多久的纸条。

"只有最亲近的人才知道。"林伊宁摇摇头，"不过这样绕圈子，感觉上性格很恶劣呢。"

"应该不是要为难谁，只是觉得很好玩吧，寻久就是这样的人呢。无论说什么都像在开玩笑的样子，即使遇到了再难过的事也会坚持笑着，最擅长伪装什么也没有发生过，那些不开心的事情一样都不和我说，而我就总是伪装什么也没有发觉，因为寻久不希望我知道。如果那时我坚持问他，让他说出来……也许今天不会这样了……"

"向南……"

在向南自己都未能察觉的情况下，泪水从他的眼眶里涌出来。就连林伊宁也手足无措了起来，她头一次看到男生在自己的面前哭。本来一直觉得男生哭起来挺窝囊，但到了向南这倒是越看越楚楚可怜了。忍不住递上纸巾，看向南用力地抹掉脸上的泪水，对自己歉意地笑笑。林伊宁竟然产生了真是可惜的想法。

"抱歉，想到些以前的事。"

"现在心情好点了吗？"

"嗯，谢谢。关于寻久的提示，如果我没猜错的话应该是那个地方。"

而回去的途中，电车里的一角里某人一直在喃喃自语。仔细听的话好像是："可惜，可惜，没有拍照，实在可惜……"

#20

"阿久！我在这里！阿久！听见了吗？阿久！"

"来了来了。我说你怎么不见了，你还真把仓库当成家啊。"

"都是他们说我像女孩子…"

"你很生气就打起来，然后打不过又被关起来了吗？哈哈，还真像你的作风呢。老这样一个人被关一整夜不害怕吗？"

"怕什么，反正你会来接我的不是吗？"

#21

邱思宁似乎真的是学校里为数并不多的讨厌寻久的女生。

这是林伊宁通过这几天的相处以及四处打听得出的结论，每次旁人提到有关寻久的话题，她都会皱起眉头回避。但按照向南给的照片和其他同学之前的说法，至少寻久自杀之前他们的关系还是相当亲近的。

这几天，关于左书宜的资料她也收集到不少，但大多都是些闲言碎语。严重的抑郁症病史和自闭倾向使得这个男生除了寻久和邱思宁就再没有别的什么朋友了。

说起来，他才更像会自杀的那个吧。

灵光一现，林伊宁突然想到了些什么。

在甜品店里收起这些天来收集的资料，向南决定先去第三个提示所指示的地方，城郊的

江岸。而林伊宁则是想对心里的疑点立刻上网做进一步的核对，于是两人约定在江岸碰头。

向南到达江边的时候，人烟已经很稀少了。偶尔有几个当地人经过，都用冷冽的目光扫过向南，越发令他显得格格不入。

走下江滩，傍晚的江滩上被夕阳晕染成金色，可是却冷清得让人感觉不到一丝温度。江风穿梭发际，向南忍不住打了个寒战，就在这个时候，他看到了一个少女。

少女抱膝蹲在沙滩上，头埋在膝盖间埋得很深。似乎是感觉到向南的靠近，抬起头转向了他。向南不知所措地望着女生擎着眼泪的双眼，发觉到这个曾经在星华中学和他们聊过的邱思宁已经认不出这身打扮的他来，向南出于礼貌地问了一句："那个，你没事吧？"

女生突然站起来抱住了他，眼泪就一发不可收拾了。

"对不起，对不起……"

在落日的余晖里，女生紧紧地抱着向南，小声道歉之后是长时间的无声地抽泣，隐约能够听出"书宜"、"久"这几个音节。向南无措地抬起头望着天空，突然想不起自己来到这里的目的。

眼前的这个女生，是把自己当成了谁呢？是不是也是失去了自己重要的人呢？

向南无从知道，只能默默地由她抱着。

直到又被江风直灌进脖子里，才发觉已然失去了怀里的温度。

向南环视四周，女生已经不见了，却发现林伊宁站在江岸上，在夕阳走到尽头的时刻里宛如一尊石像。就在一瞬间，这尊石像活了起来，灵巧地从岸边跳下了江滩，小跑到向南身

边,一如往日般的语出惊人。

"我想起来了,那天晚上追着寻久的应该就是她!"

#22
顺利地找到了第四个提示,两人做轻轨回家。轻轨上的人很少,向南和林伊宁躺坐在椅子上都一言不发。

这些天来有别于过去的生活,让向南觉得异常疲惫,不仅是身体上的更是心理上的。如果可能的话,他真是希望今天之后一切都结束,回到过去,像是什么也没有发生过。

可是,看着身边同样疲惫地闭上眼睛的林伊宁,似乎离真相只有一步之遥了。无论接下来迎接他的会是什么,他都要努力坚持下去。

向南捏紧了拳头,下定决心。

而一旁的闭着眼睛的林伊宁,心里却是另外一番波澜。

完美男孩寻久,抑郁少年左书宜,举止奇怪的女生邱思宁,以及串联起这一切的断点。离真相越相近,她的预感就越强烈,也许接下来的事,并不是他们真的想要知道的。

她到底该怎么做呢?

#23
"阿久,万一有一天我失忆了把你忘了会怎么样?"

"那我就帮你回忆起来咯,试试看把你从楼梯上推下去……哈哈。"

"万一你也忘记了呢?"

"那就从头再来好了,我和你又不会消失。"

#24
林伊宁说事情的疑点太多,还是单刀直入

的方式来得直接方便。向南起先并不明白林伊宁所谓的单刀直入到底是怎样的方法,但很快就见识到了她的惊人手段。

"你确定是这里住的就是那个删除寻久日志的人吗?"

"按网络IP来说应该是这里,其实我不确定,这种时候就要靠RP了。"

结束最后一个冷笑话,林伊宁深呼了一口气,按下门铃。

#25
"如果用一条陌生人的命来交换寻久活过来,你愿意吗?"

"……"

"为什么不回答呢,对你来那只是无足轻重的陌生人,只是一个你见都没有见过的人……这样都不能做出选择吗,真是伪善呢。"

"并不是我伪善,而是你说的情况根本不可能发生!"

"为什么不可能呢?什么都有可能啊。"

"你真是一个疯子!"

"并不是我疯了,而是寻久疯了。他害死了书宜!"

"其实你知道寻久的恋人是谁吧?"

"嗯。我知道啊……但是我不会告诉你。"

#26
向南觉得认识林伊宁是一件很奇妙的事情。

"以前我知道自己能做到,可是我一直都不敢去做,我怕一旦去尝试了,就会打破原本的和平。其实直到现在我都说不出清楚，那样和平是在禁锢我，还是在保护我。"

林伊宁这么说的时候总会露出一种怅然的表情。她身上的秘密很多，不过她却从来不回避，比如说她是翘家出来的，又比如说她已经找到了一个神秘的监护人。

在她的耳濡目染下，向南也渐渐地向新好男人和腹黑正太两方面同时发生了转变。外出的时候要照顾好自称"最最勤劳、最最辛苦的小十"不说，还要学会抵制"最最大义凛然、身正气的小十"的邪恶思想。

当然以上皆是林伊宁的自称罢了。

不过这样的小十在向南看来别比任何人都还要来的认真和可靠，尤其是在寻久的事情上。

所以到最后她提出疯狂的"单刀直入"的时候，向南也就义无反顾地跟着她去了。

只是没有人能预计到那样的结果。

#27

"呐，小十，你为什么要帮我？"

"我受不了美少年的眼泪吧。"

"我不是开玩笑……"

"……因为你一直很努力啊，看到这样的你，就让人无法放下不管呢……"

"……"

"哈哈哈哈，脸红了！脸红了！我就知道……"

#28

向南再次看到邱思宁的时候，已经完全和操场旁边那个对他微笑的女生联系不起来，反而会让他想起那部几年前曾经和寻久一同看过的电影《大逃杀》。

而邱思宁确实也是一副想要杀人的表情。

"原来你们是为了寻久……"

"删除寻久的日志，在星华BBS上大肆攻击他的人就是你吧。"

"是又怎么样？"

"这情节还真适合写小说。"林伊宁似乎把自己定位成了活跃气氛的人。

对邱思宁和寻久、左书宜究竟是什么关系，来之前她和向南都有过很多种猜测。

在他们看来，最大的可能性就是邱思宁喜欢的人是左书宜。

而对于寻久……

向南一再去回忆起关于寻久提起那个他所喜欢的女生的记忆，最后仅能忆起的就是只字片言和寻久一贯不知道是认真还是玩世不恭的表情。

"我喜欢的人啊，她总是陪在我身边啊。"

"最近又吵架了，哎，我真是女人的敌人啊。"

"她吃醋的样子很可爱啊。"

现在想来，寻久的确只是说对方是他喜欢的人，从来没切实的用过"我的女朋友"或者"我正在交往的人"这样的字眼。

只是向南完全不能将寻久和"单恋"这个词扯在一起。

林伊宁又想起那个在向南的坚持下一直没有去揭开的最后一个提示，或许他们应该在打开那个盒子之后再来的。

"寻久留下的东西是在你手上啊。"

"原来当时，找那么多不良少年抢我包的人是你。"

"这个本来就应该是我的。"

"如果你说的是真的的话，你至少该告诉我们原因吧，你这么恨你曾经的朋友寻久的原因。"

#29

"小南，这个世界上有令你讨厌到想要杀死他的人吗？"

"没有啊……"

"……"

"阿久，你刚刚说什么？"

"没啊，我什么都没有说。"

#30

"我和书宜是青梅竹马。"

邱思宁的开场白，让向南觉得很熟悉。

邱思宁和左书宜与向南和寻久很相似，是自小一起长大的邻居。

左书宜似乎自出生起就生活在不幸中，父亲酗酒，母亲因为不堪忍受暴力在他八岁那年自杀，左书宜从小就患上了严重的抑郁自闭症，不愿和任何人交流，除了一直陪在他身边的邱思宁。

在那个凶残的父亲也因为多度饮酒而撒手人寰之后，没有家庭愿意抚养这么一个孩子，左书宜作为区里的帮困对象独自住在好心的街道大妈给他空出的小房间里，只有邱思宁每天都会陪他一起上学、放学。

直到高中他们遇到了寻久，大概是因为有过类似的经历的缘故，寻久对左书宜特别照顾，也常常陪他聊天。左书宜竟然也慢慢开朗了起来，比起少年时期的状况好了许多。而邱思宁也因此喜欢上了这个像是拥有神奇力量的少年，让她感到庆幸的是，女生缘一向很好的寻久竟然也说喜欢她。

没有说正式交往，也只是因为他们都不是那么在乎形式而已。

但谁都没有想到，会发生那件事。

"书宜自杀了，他是代替寻久去死的。"

邱思宁这么说的时候似乎连最后一滴眼泪也枯竭了，灵魂里只剩下满满的恨意。她知道寻久的家世很特别，她也知道寻久家里的人一直想要把寻久带到其他地方去。但是没有想到他们会采用那么极端的方法。这么多年来，左书宜因为日益严重的抑郁症好多次想要选择死亡，都是她想尽一切办法劝下来的。却没有想到，这些努力却被自己最喜欢的人一手摧毁了。

那天她就躲在门后，听到左书宜和寻久在楼顶上对话。

听到寻久用那副自以为是的口气说："你放心吧，之后的事情我会办妥的。"

他居然叫书宜放心？他是在劝书宜离开这个世界吗？他怎么有权利这么做？

在她终于按捺不住怒火从门后冲出来的时候，她看到的是书宜的身体从如同落叶般同楼顶上坠下，画出一条优美的弧线。只是看着她的瞬间，眼里似乎有难以言明的哀愁和无奈。

在仿佛拉长了几万倍的慢放镜头里，她最后看到的是书宜对着她轻轻抬起了手，动了动嘴唇似乎是做出了一个"对不起"的口型，接着露出了孩童般的笑容，闭上了眼睛。

而寻久只是默默地看着她，脸上看不出什么神情，最后竟然还是露出了一贯的笑容。随着家里来带他走的人离开了。

其实他曾经试图开口过，只是都被邱思宁用决绝的神情阻止了。

"我爱的人是寻久，可是对我来说最重要的人，永远都是书宜。"

#31

"……小十，我们好像总是在逃命呢。"

"谁……谁叫我们是脑力工作者呢。"

因为邱家家长的早归，两个人乘机从邱思宁家逃了出来，林伊宁和向南靠着墙壁，几乎连说话的力气都要没有了。

"小十你知道了点什么没有？"喘了许久，才恢复过来的向南靠在墙壁上仰头望着落日懒懒地不想动。

"大概知道了吧，只是有点奇怪……邱思宁为什么没有把寻久没有死的事捅出来。"

"恐怕是因为寻久家里人的关系吧……"

"你知道？"

"嗯……我也不太了解，不过他们家确实是很特别呢。"特别到他那位一向喜欢寻久的母亲一再叮嘱他，减少和寻久的接触，"不过在这点上，你也不输给他。"

"是啊是啊，他是小九我是小十，反正是一家的。"

"一家的啊！"向南用力一撑，从墙边一跃起身，转过身对林伊宁伸出手，"呐，小十，我们回去吧……"

"看把你高兴得……"明明知道向南是因为寻久还活着才会这样，林伊宁还是忍不住调侃起他来。在她将手放入向南手心的那一刻，连日来脑海里的碎片像是通上电般依次亮起，汇成一幅完整的图案。

然而只是一瞬，就又全部熄灭了。

#32

"去取吧，最后的那样东西。"在一直碰头的甜品店里林伊宁对向南说。

出发之前林伊宁扯着向南的脸颊，想着事情全部结束以后就没有这样的脸颊可以扯了还是觉得相当可惜。而在林伊宁的蹂躏下已经学会了自卫反击战的向南，很快就用非常严肃的语气敬告林伊宁，她眼睛里有眼屎没擦干净。

被美少年告知自己仪容不整总不是一件愉快的事，以光速冲到洗手间林伊宁因为发现某人已经青出于蓝而胜于蓝，怒不可遏地向向南已经逃遁的背影追去。

就在这样轻松愉快的气氛里，他们到达了寻久最后一个提示的所在地。

格列佛游记。

是寻久留下的最后一个关键词，向南所唯一想到的就是那个他最熟悉的山坡，以及在山脚下所呈现出如同小说里所描述的"小人国"。

一如林伊宁所预料的，邱思宁早已经在那里了。

"看来你和寻久之前的感情还是很好的嘛，这个地方也给你找到了。"

"……"邱思宁没有说话，只是并不怎么善意地看着寻久和向南接下来的动作。

"女人啊……"

即使这样了，还是想要寻久留下来的东西呢。林伊宁在心里暗暗叹气。

尽管在邱思宁的监视下并不怎么自在，他们还是找到了那个金属制的小盒子，插入最初得到的那把钥匙，轻轻一扭，发出清脆得如同音乐般的声响。

打开的盒子里是两封"遗书"，一封来自寻久，一封来自左书宜。

或者应该说它们才是事情的真相。

#33

"我活着的全部意义就是为了你。只要你得到幸福了，那我就可以放心地离开了。"

#34

左书宜一直都想要死。

对他来说，这个世界早已经没有能够让他活下去的意义。除了一个人，他的青梅竹马，邱思宁。邱思宁不想要他死，所以他要为她活下来。

一次次在生与死的界限上苦苦挣扎。

直到他们遇到寻久。一个会让邱思宁，展现出他从没有见过的表情的男生。

他有些羡慕，但更多的是渐渐明白了，邱思宁的生活里更需要的是另外一种人，像寻久这样的人。而在这个过程中，他反而会变成一种阻碍。

他想，这次我终于可以安心地走了，只是为了不让她担心，我想要偷偷地离开。

于是他想到了寻久，想请寻久帮他一个忙，隐瞒他死亡的真相，只是说他离开了，去了很远的地方旅行。他知道寻久那个特殊的家庭确实有这样的能力。

这样那个总是哭肿了眼睛求他不要死的女孩就不会难过了吧。

也许会去找他，也许不会。

这已经不是他应该思考的问题了。

这么想的话，就突然有点舍不得了。

不过，他对自己说，终于可以从漫长的煎熬中解放出来了，这不是你一直想要的吗？

是啊，是他一直想要的。

可是自他出生起，事情就总是不尽如人意呢。

尽管花了很多时间说服寻久，又花了很多时间准备，好像还是被那个女孩子发现了。

#35

唉唉，你果然又哭了呢……我抬了抬手，可是已经擦不到你的眼泪了。

对不起呢。思宁，对不起。

我又想起我们小时候，为了躲避喝得醉醺醺的爸爸，我总会在屋子里藏上一整天。但是无论我藏在哪里，你都能把我从躲藏的地方找出来，然后笑着对我说："我又找到你了。"

这一次，你又找到我了呢。

你知道吗？其实每次你找到我的时候，我都好开心。

现在也是。

真的好开心。

#36

"你还要看几遍啊？"林伊宁躺在山坡上撇过脸去看那个依旧呆呆地看着那封寻久留下的信件的向南。

"寻久真是一个比我还笨的笨蛋啊。"向南长叹了一口气也倒了下来。

出乎他们三人意料的，寻久的"遗书"是留给向南的。

并不是邱思宁，而是向南。似乎正是应了人们总说的，相爱的人总是相似的，如果对邱思宁来说左书宜是最特别存在，那对于寻久来说这个位置则是属于向南的。

看到信封上显眼的"to向南"三个字，邱思宜捏着左书宜的书信失魂落魄地离开了，没有再看向南和林伊宁一眼。

　　寻久的信依旧是用他一贯的轻松语调书写的，他简单地说了关于左书宜事情的经过，坦言了并不后悔帮助了左书宜，人是为自己而活着，也有权利自己选择死亡。

　　"……比较惨的是，被家里那帮老头子利用了。原本是想好好完成左书宜的拜托的，却被他们逼着离开这里。书宜跳下去那天，我才知道他们的计划，要利用书宜的事情，让我'死遁'。那个时候，他们已经急着带我离开了，我没有办法对思宁说明情况，估计她也不想听。女人哪~好在，之前给你留下的礼物还在，我只能临时用信换掉了原本要给你的礼物。别怪我小气啦……其实早就知道要走的，只是不知道这次走了，你还能不能追上来……"

　　林伊宁也感叹，这次自己怎么也就没有注意到呢，那些带有强烈共同回忆色彩的提示，怎么看也应该是为向南准备的。

　　喜欢的人和最重要的人，明明就不是一个人呢。

　　都是被向南混淆了。又或者，向南也是被寻久给混淆了。

　　#37
　　PS.其实我会喜欢上思宁，也是觉得她和你有点像呢。
　　她和书宜就像是你和我，说不清到底是谁在依赖谁。
　　如果永远不用分开就好了。

　　#38
　　少年站在喧嚣的站台上，手里捏着约定前夜偷偷离开的少女匆忙留下的字条。

　　我会帮你找到寻久的！是好朋友间的约定！所以记得保存好我的手机等我回来啊！
　　——伟大的冒险家林伊宁
　　PS.女装照片不准删，绝对不准删！

　　明明说好要一起走的，却做这样单方面的约定呢。即便是他想要遵守，却也无法克制住心里盘旋不去的疑问。

　　当年寻久的母亲是因为什么原因最终选择了结束自己的生命？

　　寻久现在所处的又是怎样的一个让人无法理解的家族？

　　为什么他的家人不惜一切代价要将他带走？

　　现在的寻久究竟又身在何方呢？

　　无论对寻久，还是对小十来说，他都不想做"什么都不知道"的向南了。所以他会也会踏上属于他的旅程，像寻久常常嚣张地站在山顶向整个世界所宣告的，成为一个伟大的冒险家。

　　坐上开往北方的列车，向南望着窗外的站台出神，像是想要等待谁的出现。直到即将发车的汽笛响到最后一遍，他才撇过头去缓缓地闭上眼睛。

　　就在这时，一个包裹在宽大连帽衫下的纤瘦身影，敏捷地在车门关上的最后一刻跳上了站台对面相反方向的列车。

　　从此，少年和少女从属于寻久的点上相错，向南向北，继续他们新的轨迹。

　　>>>to be contiuned

整个苍穹开始漏光。
雨把世界打穿。
荒芜占领了繁茂。风沙抹去了曾经。

Written by 郭敬明　游历西　Artworks by yeile

他们行走在世界。
他们用元素改变星球。
他们苍白的魂魄是风里栖息的漩涡。

远处狮子的低吼。
在妖精的世界里，植满了巨大的魂树。
枝干为灵，绿叶为精。

没有人听得懂他们的咒语。
他们匆忙地赶到这个城镇，然后又消失在下一个湖泊里。
天鹅的倒影是残留的尘埃。

他骑着飞鸟而来。
他在大雨里离去。
漫漫长路上消耗的青春，用妖术偿还出预先透支的梦。

用命脉里涌动的红光，装点黑白的世界。
梦境变得斑斓，银千特变得苍白。
炼金般的等价交换。

他们消失的时候，没有人记得。
总有新的巫师出现在融化的雪地里。
月光抚摸他们寂寞的生命，流下感伤的泪。
沼泽的汹涌，还有风里栖息的漩涡。

Logbook vol.10
航海日志

Contents
目录

文/I5land工作组　图/开膛王子

我们的除夕夜

七堇年

　　除夕之夜的过法，好像二十年来都是一模一样的，即便有些小的新花样也丝毫没有任何建设性的突破……家里人总觉得年夜饭一定要家里人自己做，所以每年的除夕都是全家人团聚在一起，忙忙活活折腾一个下午做一顿年夜饭，费劲得要死，整个厨房都一片被八国联军洗劫了之后的狼藉相……我人很懒而且不会做菜，家里就我一个最小的，所以永远都是坐在客厅里看电视嗑瓜子儿……感叹御膳房里的人还真勤快。到了晚饭时间，终于大功告成，端上来热气腾腾香气扑鼻的一大桌，一边吃一边家长里短地侃，顺便再评比一个年度最佳菜色，通常都是我做评委主席（毕竟就我一个人没有参赛所以比较客观）……大家争完了也就是八点钟的光景了。

　　听说北方人喜欢年夜饭在家里吃饺子……不记得哪个朋友对我说过，小时候家里的一帮亲戚小孩都不喜欢吃饺子，有一年春节家里又包饺子，为了鼓励小孩们多吃饺子，姥姥就说在她饺子里面放了一枚硬币，谁吃到的话额外领一千块钱红包……于是大家顿时格外热火朝天地夹饺子狂吃……没想到两分钟之后表弟就把那个包了硬币的饺子吃到了……一桌孩子顿时泄气……遂剩下整整一大锅饺子，比往年剩得还多……

我想起这个噱头来，觉得南方人家里做各种鸡鸭鱼肉，至少也比他们强。

央视的春节联欢晚会，年年都看……接到同学电话拜年听说我看春晚都很鄙视我的低幼……虽然我也想说大部分节目都是在我的鄙视中谢幕的……但是总比坐下来陪人打牌输钱要心安理得一点。因为自从某一年陪家人打麻将自己做了一个豪暗还在为自己多了一张牌吃包子而发愁……被鄙视了之后……我就再也不想沾那个封建社会的遗毒了……

今年烟花特别多。

午夜的时候夜空中的烟花多得跟不要钱似的满天洒，冷不丁地还有冲天炮的火星飞到我家那七楼的玻璃窗上吓我一跳……打小我就是怕火的，从来不敢点鞭炮之类的……不过看到别人在楼顶上放烟花很浪漫的，我暗自下定决心没有点过烟花的人生是不完整的，所以来年一定要放一次烟花。

妈妈说除夕夜要守岁的。我问为什么，她说因为怕把噩梦带到明年啊，我大大地鄙视了，说，要是做了美梦涅？！

遂大摇大摆睡觉去了……

占星师说二零零八是我转运的一年……嗯，那就但愿我的运势像那个冲到七楼来的冲天炮一样扶摇直上吧！

喵喵

　　每个人到了除夕都百无一例外地返俗。春节就好像是人生中唯一让人无法拒绝的一件大事儿，把离家多年，失散多年的亲人朋友全都一股脑儿地聚在一起。这个时候，谁还可以骄傲地高昂其下巴，用冷漠的眼神看着满城的热闹景象，坚持把自己锁在小屋里寻找伤感呢！即使在年纪早已到了越过这新奇感的平和阶段，还是会不停地问自己，不高兴吗，真的不高兴？去他的那些不高兴的事儿。

　　我要过年。

　　即使没能回家。除夕夜前的那一个下午我和大叔并肩走在遥远的甘肃，遥远的兰州，遥远的西固城中的一条布满冰雪的小路上。之所以突出这么多遥远是因为这地方第一次来之前我把地图快抠破了也没找见。为了辞旧迎新，我们俩出门前轮流洗了个澡，我把头发吹了个半干，就急吼吼出门拜年去。结果出门不到五秒钟我变直发了！结结实实的冰冻直发！离子烫效果也没这么好……

我指给大叔看：瞧……

大叔隔着手套狠狠捏了一把，又不动声色把手缩回口袋。

我问：怎么了？

大叔说：硌得手疼……

零下二十几度的寒冷地带。可是却热闹。穿越整个小城的花式彩灯布满了街道两旁！好看！（据说每年都是从四川，一个叫自贡的地方高薪聘请专家……）家家户户也都在阳台挂了大红灯笼，傍晚天色暗了之后，窗玻璃印着温黄的光芒亮堂堂，远近炮声从零星响起到浑然不断充斥耳间。

饭后照例是央视春节晚会。年年重复。重复了这么多年，我还是会在包饺子包得满脸面粉时被小品里某个人的某句话逗乐，随即笑到肚子疼胃痉挛前仰后合死去活来，只是，不怎么会再被感动。很久很久以前听《世上只有妈妈好》里面任何一句台词都抵挡不住大哭的那个小朋友一年一年变得矜持而无情。总觉得真正质朴的感情不需要任何做作的渲染。就好像盲人阳光很好，真的很好，可是，一年开不了二十次电视机的我却接连看到他上了四个节目。过犹不及得只剩下单纯地欣赏而已，饺子越包越沉闷，伴着仿佛永远都不会停止的爆竹声声，我的心情继而无缘由地低落到水平线。

卧室床边上的手机短讯早已撑爆了收件箱。"嘟嘟"地发出警报 。

凌晨两点以后的某一分钟，我缩在被子里冻得发抖，大叔走过来摸摸我的头问：想家了？

脑袋边上，手机屏幕显示着几天中妈妈发来的唯一短信。不牵挂和不打扰的。

"天冷，注意身体，不要感冒。新年快乐。"

新年快乐。

要说多少次才够呢。

王小立

　　人在异国流浪，"除夕夜"这种东西对我来说，基本上已经当做和"情人节"一样的存在。"没有情人的情人节哦~"，和"没有亲人的除夕夜呦~"……即使末尾用上怎样粉红死相的语气助词，也不会改变话间那个"觉得空虚觉得冻"的气场。

　　好在人类始终是懂得苦中作乐的生物，正所谓"这个新年不空虚，空虚就去吃火锅！"。为了能过一个热闹的除夕夜，我和死党在大年三十的下课铃声一打响后，就跑去了超市买火锅材料。（是的我们大年三十还有在上课……觉得空虚觉得冻！！！）

　　所谓的火锅材料包括：
　　猪肉、羊肉、牛肉、鸡肉、鱼肉……和蔬菜。

之所以要点这么多肉，原因一是吃菜会觉得空虚觉得冻。原因二是……我们都爱吃肉！！

基于这两个原因，我和死党在超市里的对话模式基本就是这样：

A："你看这个肉好不好。""好啊！买！"

B："你看肉会不会太少了？""会吧？买！"

C："你看肉要不要再买点？""要吧？买！！"

D："你看你看这个肉好实惠！""是啊！买！"

在这般洋溢着青春活力的对话下，我们买下了将近人民币两百的……肉。提着满满几袋子的……肉走出超市门口的时候，自觉仿佛就成了鲜花大将军，就想随便逮个人跟他叫"跟着我，有肉吃！"啊。

而事实上……等到约定的几个朋友陆续到齐之后。就"进食火锅"这项运动展开诸如：

A "放肉放肉！！"

B "这块肉是我的！你别跟我抢！"

C "你们不要都只吃肉啊！"

D "把肉都扔下去！！"

……这样蓬勃着朝气的对话后，等到大家全部撑死在大厅沙发上的时候，锅边吃不完的肉……还剩下好几盒。

由此可见，果然是"跟着我们，有肉吃"，以及……肉确实买多了。

吃完火锅之后，我们就打了通宵的牌，从拱猪玩到二十一点，从抽乌龟玩到用牌算命，其间冷笑话无数，鬼故事无数，荤段子无数。长夜漫漫但并不代表无心睡眠，最终在众人于地板上摊成"大"字或是"太"字后，我直起因打牌而略有些僵硬的脖子，瞄了一眼窗子，窗帘已经浮上轻薄的光。

"新年快乐啦。"我对自己说。

虽然这个流水账里我花了将近三分之二的版面去描述"肉",但其实我真正想说的其实还是"友情万岁"！以我这样自闭和神经质的性格,能交到玩得来的朋友其实是很难得的一件事,其中的充实和温暖,吃十盒肉肉也无法抗衡！（……温暖得开了一整晚的空调哦。）

……而眼下,却又要情人节了。（这次是朋友也救不了地"觉得空虚觉得冻"啦！！！）

林汐

　　说起春节在脑子里浮现的首先就是[压岁钱（加粗红体字！）]然后就是[新衣服]和[烟花]。春晚，妈妈做的菜，12点钟炮竹的响声。
　　记忆里的春节。

　　说起来，从今年开始已经彻底与压岁钱告别（流泪），新衣服因为懒和怕年前人多太挤而好几年都没有买。从三十到初八的饭食都和亲戚或者自家人在饭店解决，求老妈做一次四喜丸子，被她摇摇手"太麻烦"简单的拒绝（……）。说起春晚，这可能是每年我与电视唯一的接触。今年被《激情爬杆》这个名字震撼了，在给朋友发消息抒发的时候，同时接到友人的短信，她发出了"这是要干嘛？又不是猴年！"的疑惑。同时模仿文兴宇讲话的那个桥段大好！抗雪灾的朗诵大好！特别是前者让我掉了两滴鳄鱼泪。

　　较为改观的是有着可以连续接听的电话，这在从初中开始每一年都递增着（小学太遥远……不提！）。今年三十那天下午六点被老妈砸起来吃饭，迷糊着打开手机，收到朋友"过年好！""新年快乐！"还有"柯艾的妖精们今年我们也要……"那时候才真正有了"啊，今天是新年啊"的感觉。曾经十二点正的时候接到的电话，那是贴偎人心的。虽然说起已经是"曾经"就表示不会再有。相信以后，还会有新的人来代替。

说说还有什么是记忆犹新的，大约是12点整的炮竹声。这是至今依旧没有改变的。虽然总是抱怨鞭炮的声音太吵硝烟硫磺的味道却是非常喜欢。，我经常觉得鞭炮的声音预示着新的一年的红火。有一年过年的时候和朋友打电话，正遇到12点，鞭炮声音的巨大让我们大约有十分钟都没有办法说话，也没有挂下电话。我这边和她那边的，是同样的声音。

再转天满地都是红色的，鞭炮的外衣。街上行人不多，风一吹，看起来有点可怜。

但我们不管，高高兴兴的踩过去，你和我都知道新年的时候，我们都不愿意想到萧索。

Ps：最后要说，讨厌吃饺子！过年中最不想经历的就是放鞭炮后吃饺子吃套程序。一个韭菜馅，胃痛到半夜TAT！

痕痕

小时候和爸爸妈妈爷爷奶奶一起住，住的是私房（自己盖的），一共二层楼，楼上是两间卧室和两间小厅，楼下是厨房和吃饭的大厅，屋子前后都有门。

但是某一年，在奶奶爷爷回乡下办事的时候，楼下大厅里就被乘机砌起了一堵墙，墙的一边的最上方只留了长宽约五十厘米的"正方形"，那个残留的"正方形"应该是所谓的窗户吧。

不知道当时爸爸妈妈和爷爷奶奶有什么矛盾，他们似乎是想"独立"的心情迫切，于是就这样，他们在某一天突如其来地另起炉灶了。

不过这堵墙丝毫不影响我去"那一边"，我并不用因此而出门绕个圈子，只要直接通过"正方形"爬过去好了。一脚踩在冰箱上，背着身体钻到正方形中，再向后向下探出一条腿，手扒着"正方形"的边，身体慢慢向下滑，然后就可以触到爷爷奶奶的桌子了。起初爷爷还要"候"着我，但没多久我就"驾轻就熟"了。

　　"正方形"的妙用很多，在默不出单词而被妈妈打的时候，正方形里会出现爷爷线条僵硬被我视为救星的长脸。在我口渴的时候凭空嚷一声"倒水"，忽而"正方形"上就会出现一杯温度适宜的热水。

　　……

　　但这已经是很早以前的事了，八年前我就搬了新家。每到除夕夜，这里的高度足够我看到眼前至黄浦江后的浦东所燃放的烟花。如果遇到楼下有放那种像伞一样扩散开来的大型烟花，就恰好能在我窗前炸开，炸出的火星有力地弹到玻璃上，发出"丁丁噔噔"的声响。但是我却无法描述这样过眼即逝的"热闹"，看到"除夕夜"这个题目时，第一个想到的却是小时候在老房子里的时候。

　　房子外面是此起彼伏的爆竹声，每家每户到了十二点都会拿出一长串鞭炮"一百响""一千响"在家门口燃放。一楼的门缝里渗透进硫黄的味道，混合着清冷的空气就是新年的味道。硫黄的烟雾延绵地从门缝里钻进来，弥漫在爷爷一楼的小厅里，使得厅里原本黄澄澄的灯光变得格外朦胧，像残留最后一丝光线的浑浊的黄昏。烟雾会熏出微弱的眼泪，我跟在爷爷身边，看他取下挂在墙上的年历，向后翻过一页，他指给我看说："1988年了。"

　　"1988年了"这样模糊而又遥远的声音，混合着硫黄气味的"新年味道"，在记忆里熏出眼泪。

小西

从我记事开始，除夕夜这几个字便已经与满桌子吃不完的咸肉紧密联系在了一起。普通的家常土豆炒肉丝竟成了满座争抢的人间美味。

小时候有一年，因为喝了太多冰冷的饮料，吃了很多凉热荤素混杂的饭菜。终于在除夕的午夜上吐下泻，一连折腾了好几天。是史上最不光彩的一个除夕夜——因为暴饮暴食而病倒。

曾经天一摸黑，我和小伙伴们便拿出早已准备好的烟花兴奋地跑出家门，东一声、西一响地放了起来。我胆子比较大，便拿着点燃的炮仗到处乱丢，其余的小朋友只好捂着耳朵，紧张而又慌乱地躲闪着……（众：够了！！……）

以上是我年少时期的除夕夜。

随着年龄的增长，年夜饭之后燃放手持烟花的节目便告一段落。

取而代之的是一家人团圆坐在电视机前观看传统节目——春节联欢晚会。（这几个字散发着浓郁的乡土气息——没办法,我就是在这种气息中长大的。)

依照惯例,晚会总是会在热热闹闹有条不紊的哄乱中开始。几波人群提起拖地裙轮番小跑着蜂拥上台,露脸半分钟云涌下台。不管是衣着繁复华丽还是简约时尚,一闪眼便成浮云飘散。

成年以后接触到越来越多的流行音乐,发现民族美声是只有每年跟父母一起观看文艺晚会时才会停留下来听的音乐。

初中年纪,因为小事跟家人争吵,晚会没有看完便回房间睡觉。躺下很久都没有睡着,愧疚感愈发强烈。一直在外地上学,节假日才有机会和家人一起相聚,却还为一些小事和父母怄气。于是便又回到父母房间坐在旁边陪他们一起继续看节目。

临近午夜十二点,手机短信也频繁地涌进来。有很多是平时很少联络的老同学。

从初中开始在外地上学,到现在一直在外地工作。每次回家都得在晚上空闲下来以后,开始跟父亲汇报情况。

就像全天下所有平凡的父亲一样。

他会认真地听我描述我现在的工作,认真地看我带回家的《最小说》和《岛》。

有亲戚来访的时候,闲谈间,他会拿出这几本少年读物哗哗地翻着书页跟对方说,你看这个是我儿子做的。

言语里充满高兴与自豪。

我会一直努力。让你们看见更明亮的光芒。

新年快乐。
快乐新年。

阿亮

今年的除夕夜对于已经失去学生身份的我来说，无疑是重大的shock。少了红包的心灵安慰（含泪），年也不大像年了。当然除了溺爱我的奶奶和婶婶说要给我给到结婚……引来老爸开玩笑说我会因为这些钱而故意不结婚。为了压岁钱不结婚？我才不会呢！……应该吧orz

总觉得现在的新年已经和记忆里小时候的不大一样了。没有满街卖鞭炮烟火花灯的小贩，也少了儿时那种每到年关时的兴奋。

小时候的新年总是在南京的外婆家里和表兄妹一起度过的，家里表兄妹一共八人，而我排老七，小时候最爱跟在哥哥们的后面，买一些甩炮之类的东西吓唬人。买不到甩炮的时候，就和妹妹捡一个塑料袋吹满气，再狠狠一踩。在夫子庙的门口，吓得路人直瞪眼，说："这两个小姑娘怎么得了……"又或者是围着游戏机看哥哥们玩格斗游戏，常常是哥哥们争到最后就变成了真人快打。被长辈们领着耳朵训斥了一大通，但转过脸看我的时候却又做出一副鬼脸，好几次惹得我笑出来，差点也被连累进去。

而今的除夕夜却又是另一番光景，小姑娘长大了，兄弟姐妹也天南地北了。从伸手要钱的翻身被压倒成要放血的了。一放假就身子骨软得只想宅在家里，人机床合。一腔热血全部投入了频繁的鼠标点击活动中，，开始腐败的生活。在我的淘宝登陆频率和快递拜访我家的频率达到了每日两到三次的时候（上海快递全年无休orz），老爸终于愤怒了……用狮吼功从解放前，从雪灾，从对未来的展望等各个方面，对我阐明勤俭节约的重要性。

好在在老爸追究我银行卡上到底少掉数字的时候，年夜就来了。暂时安全……

除夕夜的上半天是在按短信按的手指抽筋中度过，虽然不及群发短信可以合理利用短信字数限制，我好歹也是很诚意的一条一条的用人肉输入法，把柯艾的那帮妖蛾子们都按了过来。虽然也有乌龙发生。譬如——

"亲爱的，祝你恋爱顺利！"
"刚分手……"
Orz

下半天和家里人吃了年夜饭，就照旧宅在自己的房间里，上网看春晚。周杰伦出场的时候，小四发给我一条"周杰伦今天真好看！！"并用两条感叹号表达了他的激动的时候，我也正在抱着电视口水中。但在黄圣依以那个粉红假发出场的时候我深切的开始怀念了美少女战士……

磨磨蹭蹭到想睡的时候已经凌晨四点了，想想明天可以下午四点再起来，我很安心的合上了眼睛……（容我此地无银三百两一句，还会睁开的）

落落

传统妇女的我一直保留中华民族的传统美德，其中包括传统的年夜饭，传统的压岁钱，传统的春节联欢晚会更是一次不拉，尤其是身为一代宋丹丹粉丝，从十年前白云黑土系列第一次登台春晚开始，随后的每个小品我能把台词倒背如流。

因而除夕夜的欢乐，既包括看中央台的名嘴主持们在台上出错，也包括盯着杂技男演员的紧身裤（……以下删除两百字）。对于小品和相声深感衰退的几年间，幸好还有不错的歌舞诸如千手观音和飞天之类的好节目。

从小时候在除夕之夜忙于吃完团圆饭后在街上和数百人一起争夺出租车开始，到最近几年每次都是在鞭炮声中，独自躺在地板上边剔牙边打嗝的进化中不难看出——我已经从天真活泼的儿童，变成一介真正的宅女。虽然团圆饭依然和父母亲戚们一同度过，但在随后便懒得外出，急于回到家里"躺着"——哪怕除夕也不能改变我对"躺着"的热爱。

　　如果说记忆中最深刻的除夕就是去年，看着春晚的那四位节目主持人在即将零点时集体忘词，几乎要在全国人民的众目之下打起来，而我和朋友兴奋地隔着几千里地互发短消息"他们怎么啦！""实在太精彩啦！"……的确是挺深刻难忘的。不过对我来说，也许最深刻的除夕依然是某年，选择离家出走的火车在大年三十抵达异乡，我第一次孤身一人在异地过了大年三十。不过这段内容因为过于宝贵和戏剧性，所以我要留到以后更高级的栏目，比如小说，比如专栏里去说……在这里摆明瞧不起《岛》的别册，希望大家尽情地批判我。

　　距离最后一次收到压岁钱已经过去了近十年，所以春节对我的意义越来越接近"又老了一岁"，因而我不再乐于过多地提及它。所以，在除了那个十九岁的除夕夜之外，也许是更早的，在我还就读小学时的某个春节，当时依然保持着"只在春节购买新的冬季外套"，被父母领到其乐融融的某家酒店，我在某个招待端上汤料时不失时机地站起来，脑部直击碗底，让那锅也许八十多度的老鸭汤从脑门一直流到小腿，换个词可以说是"沐浴"。

　　因而，直到现在我也不吃老鸭汤，就是因为这么一个难忘的春节。

小四

　　话说，越大牌就越压轴，这一点从春晚上12点前周杰伦独自一人单枪匹马唱着《青花瓷》引来掌声鲜花无数就可以看出来……

　　所以，在柯艾一姐落落登场之后，压轴的重任自然落到了柯艾一哥身上……掌声！灯光！拉开幕布吧！（哗……潮水一样的掌声涌来……）

　　（咳咳，清了清嗓子）话说小四在少年时期，对春节的记忆就是很多的压岁钱，几件拉风的新衣服，一双新球鞋，然后很多烟花爆竹……空气里弥漫着很多人觉得"难闻"但我觉得很好闻的硫磺味道……以及雷打不动的春晚……

　　然后光阴似箭，日月如梭，隔壁邻居老王的儿子已经长大开始看《小时代》了，并且砸吧着嘴抱怨"这尺度也太小了吧，不够看"……

　　一转眼，四崽已经成年了！已经有刚刚学会走路的外甥屁颠屁颠地跑到膝盖下面要压岁钱了，被正在打游戏的四崽一脚踢飞出阳台……（夸张虚构的……别紧张）。

　　这一年的春节，因为四崽过着美国时间，并且倒时差是一件痛苦的事情，所以导致了从一回到四川开始，就过着不见天日的日子……早上9点刷牙洗脸，然后就倒下了（……），然后晚上6点慢悠悠地起床，刷牙洗脸，然后穿着内裤在家里开着中央空调的房间里，顶着一头狮子般的乱发，打开电脑，睁着半开的眼睛，看看国内的新闻，对雪灾忧心忡忡……

所以整个春节里，见到我的亲戚非常之少，往往是早上我半梦半醒间，父母走来，悄悄地对我说"我们走亲戚去啦"，然后晚上他们回来悄悄地对我说"我们走完亲戚回来啦"……

但是值得一提的是我第一天回家的时候，早上我刚睡下，结果就听见一种类似鸟叫和狗叫之间的声音（众：……什……什么妖蛾子？），我非常惊恐地睁开眼睛，看见我爸爸笑眯眯地站在我的床头，问我要不要起床，我问他这个声音来自什么妖蛾子，爸爸笑眯眯地说："哦，是我买的一只八哥，它没事喜欢学狗叫"。我："……"

除夕的时候，还是老规矩，裹着睡衣，摊在沙发上，一边吃了妈妈买来的各种零食，一边看春晚，一边和老爸老妈聚众（也就我们仨）赌博……在我和我妈的联手下，赢了两百块大洋！祝贺！并且期间，还在和柯艾的妖娥子们互相发短信点评着今年癫狂而又唯美（……喂！）的春晚，其中章子怡和周杰伦出场时，短信量达到了巅峰……而且在逼近12点的时候，我果断地关了手机，我怕重现去年的悲剧，在巨大的短信量和电话冲击下，手机不堪重负，决定死机一小时……

到了12点的时候，在看完周董《青花瓷》的完美谢幕后，我加入了和我妈放爆竹的团伙。我妈尖叫着一边点火，一边捂着耳朵把鞭炮往楼下扔……

整个小区的楼房把一整块绿地湖面合围起来，于是所有的烟花火力就集中攻击这一块空地。但是，在巨大的爆鸣声中，有这样的对话：

"呀，谁加的烟花冲到我家雨棚啦？"

"别冲着我家放呀！我家快烧起来啦！"

……

"朝那家打！瞄准了！"

"烧他们的雨棚！"

……

我额头一小颗汗滴……眼角余光依然是捂着耳朵尖叫的娘亲……

多么完美的一个春节……然后我折腾到早上……睡了……

文/I5land工作组　图/开膛王子

我们的恋爱幻想

痕痕篇

　　恋爱幻想……让我在开始这个话题时先做个深呼吸，因为这是需要豁得出去才行的……因为，我打算说的，是我曾经真有过的幻想，并且补充一点，尺度还蛮大的……

　　某日，我和爸爸不知为什么事吵了一架。当我摔门气呼呼地躺在房间的床上时，激动的情绪渐渐转为一种委屈。在这样的情况下，人多少是带有一点做作的，我颓然地躺在那里，感觉委屈得无以复加，任凭眼泪划过脸颊，肆无忌惮地渗透在枕头上……

　　但就在这个时候，我对"究竟可以流多少泪"产生了好奇……为了满足这种好奇，我想象自己从窗台上跳了下去，因为当时我正在看一本书，书里有这个情节，

"从窗口跳了下去，在嘈杂而又各行其是的城市里，无人知晓地绽开一朵深红色的花……"想到这里，果然眼泪又充沛地流了下来。接着我变本加厉——幽幽地从开出花的地方爬起来，坐电梯回到家里（还需要坐电梯吗？），和爸爸告别"爸爸，我走了，对不起，我会想你的……"想到这里，眼泪再一次冲破眼眶……于是这么玩了会儿，终于疲倦了……

哭过之后容易困，但又睡不着，房间里是随着时间滴答而下沉的光线，于是我觉得还可以把刚才那个"幻想"继续下去。

我走了。但不知道该去哪里，电影里这样的情况似乎可以来个华丽的转场，或是黑屏。那么，黑屏之后，我就已经躺在一片金黄色温暖细腻的沙滩上了。我从沙滩上坐起来，眼前是烟波浩渺的大海，海面懒洋洋地蠕动着。估计正处在夏季，所以很温暖。这时，我突然有一种被另一双眼睛注视着的感觉，于是惊恐地回过头去……

一只小鹿，一只年幼的鹿，它立在我身后的树林边用清澈的黑眼睛看着我。带着好奇和胆怯，我走过去的时候它就机灵地跑开，但并不跑远，几步之后又留恋地停下来看着我（大家不要想歪了，主角不是它）。我招呼它过来，把红领巾系在它的角上（红领巾……），它满心雀跃地围着我跑，并且似乎要带我参观树林，我跟着它在树林中穿梭，沿路看到有熊，老虎，小兔子等动物，但它们都用旁观者的眼光理智地打量我。我正琢磨我这是到了什么地方的时候，突然看到林中有一个人骑着白马（＝＝），是欧洲美少年的模样，再仔细一看，差点晕过去，这，这不是布拉德·皮特嘛……

我不得不说……他可能被我的美貌所折服了……（你一定要镇定！！）为此，我补充幻想了一下我的容貌，皮肤犹如……（此处省略五百字）

就这样，他邀请我到他的马上，要带我一起打猎，为了不从马背上跌落下来，我不得不用双手环住他的腰……这时，他像是发现了猎物随即取出弓箭拉开弓，于是我顺着弓箭的方向张望，却不幸看到了站在远处茫然注视着我的，角上系着红领巾的小鹿，原来它一直都悄悄跟随着我……

"不……"（＝ ＝‖）想要阻止的时候已经来不及了，箭像闪电一般射中立在远处的小鹿。

我跳下马冲到小鹿身边抱起它的脑袋，但是小鹿脖子无力地垂在我的手上，眼睛里似乎有泪。我抱着小鹿痛哭……（＝ ＝‖）

此处再为一个黑屏。

醒来已经是夜里了，自己睡在一个巴洛克式风格的大床上，床前有华丽的梳妆镜。走到做工精致且繁复的雕花窗台前的时候，才发现自己身在一个美丽的城堡里……这时，布拉德·皮特从窗外的院子里走过来。月光下，他走到我的窗台前，轻吻我的手背，温柔地介绍说他是这个国家的王子，并问我愿意嫁给他吗？但此时，我还不愿意和他说话。（＝＝）

他朝院子里招呼了一下，我看到小鹿一瘸一拐地走了过来，它的伤口经过了仔细的包扎。小鹿的眼睛乌溜溜的，带着感激和温情。这时，布拉德·皮特从手里拿出我的红领巾，拉过我的手和我一起温柔地把它系在小鹿的角上……

布拉德.皮特看着我的眼睛深情地说："请你嫁给我吧，我明天就带你去见我的母后"

（其后省略一千字，主要描述其母后反对这件事，后又经历了一些波折……上演了苦肉计和生离死别……还有小鹿总在关键时候出场，多少有点像个拉皮条的……）

这个"恋爱幻想"结束之后，我的房间彻底的黑了，枕边还残留一点潮湿，是先前流泪的痕迹……我带着莫名其妙又怅然若失的心情从床上爬起来。无聊之际便觉得肚子饿了……

阿亮篇

00

没有美少年就没有恋爱！

美少年是不仅是恋爱更是一切爱的起源！

——《某亮妄想语录》

01

关键字：美少年。

如果问十年前的我，我是为什么降生，我想说，我是为了看这个世界上好多好多的美少年而降生的。

——《某亮妄想语录》

爱美之心人皆有之，在这点上我可能还优胜于一般人。不久前老妈还说起我幼儿园的旧事，说起那时我小时候非常小气，买给我的《哪吒闹海》、《葫芦兄弟》的图画书，一直都超级宝贝得不肯给别人看。有一天老妈惊奇地发现那本书居然不在家了，然而就有了我们以下的搞笑对答。

妈妈：你的书呢？

我：借给隔壁的弟弟了。

妈妈：你不是一向谁都不借的吗？怎么就借给隔壁的弟弟了？

我：隔壁的弟弟长得好看。

大概从我有意识起就已经有了深深的美少年情结，于是致力于和未来的美少年套近乎。（笑）

不过在我成功地拉着隔壁弟弟的小手出去玩的时候，恋爱也不能仅仅说是幻想吧！

02

如果问五年前的我，我是为什么降生，我想说，我是为了和好多好多的美少年谈恋爱。

——《某亮妄想语录》

大概从小学开始接触了漫画先是《龙珠》、《圣斗士》然后是《美少女战士》、《圣传》……

那时候就常常和妹妹花痴其中的美少年们。

"阿瞬好可爱啊！"

"我喜欢沙迦大人！"

"晚礼服假面!"

现在想来实在是orz……

漫画似乎就是为了满足少女们的美少年情结所诞生的，尤其是少女漫画，充斥着唯美的恋爱情节！其中的美少年从正太系、兄贵系（像哥哥一样）、前辈系，到王子系、不良系、腹黑系、闷骚系、纤弱系、治愈系……（我最萌闷骚腹黑正太>_<）层出不穷！

让人看的时候爽，看完却怨念啊！！

又美又睿智又万能又专一又温柔体贴的男生果然是不会在现实中存在的!

不过摸不到,想还是能想的。这个世界上还是有叫做恋爱模拟游戏的东西的,人生果然就是在一边yy,一边自我催眠中度过的啊……

"我想变成二维人物×10000"【振臂】

03

如果问如今的我,我是为什么降生的,我想说,我是为了养很多很多的美少年!

————《某亮妄想语录》

在五年间多次意图寻找现实中的美少年未果的情况下,我结识了一种叫做BJD的东西。

最初是从了解SD娃娃开始的,然后知道了SD只是一个品牌名,那些个又精致又美型的少年们是叫做BJD的球型关节人形。

在"美少年最高"的人生意义指引下,我也接回了四只美少年!(几乎引起经济危机,穷得要卖血了……)从此以后就开始了每天给他们穿衣打扮,拍美型(或邪恶?)照片的幸福日子!堪比童话经典结局。不过也时常受到老爸的投诉,"你娃娃的衣服,头发够多了!不要再买了!"

被老爸封了幼儿园园长的称号orz……

不过总算成功地从二维回归了三维!达到了质的飞跃。

恋爱是不拘泥于形式的!

重点是把幻想变成现实!

小西篇

　　所有的幻想都是用来慰藉现实生活中空洞的自己。

　　自认为自己是个老气横秋的人。所以关于恋爱的幻想也就不会充满扑朔迷离与离奇曲折。

　　高中时期喜欢的对象也会仅仅因为对方不喜欢吃面条而被否定为不能生活至终老的对象。

　　一直对小学课本里那个扶老太太过马路的纯良学生形象比较萌。

　　有点婴儿肥胖乎乎的小圆脸，满脸红晕站在少先队旗帜下行队礼。单纯的连笑起来都觉得傻忽忽。正直且善良。

　　假如要设置一个恋爱中的场景，那么就是——落地窗和小阳台。种植一些花草，哪怕只是诸如吊兰这种廉价易活的植物。放晴的雨后或者雪花渐融，都可以并肩坐在一起讨论电影或者新看的书。

（看出来了吧。最美不过夕阳红。）

从小到大只要一闭上眼睛就会做梦。

妈妈在我小的时候是耶酥教徒，她送给我一段拜托耶酥赐予我安心睡觉不再做梦的祷告词。于是每天晚上睡觉前我都会背诵一段年幼时期还不能完全领悟的话。念完以后就闭眼安心的睡觉。非常灵验。

不过后来看了《绿野仙踪》以后，祷告内容就变幻成：让我梦见桃乐丝吧，我要和她一起去历险！

遗憾的是童年时期的幻想一直没有在梦里实现。

小学时期，同班有个局级家庭的女生。安逸恬静乖巧伶俐的样子。我们经常一起同路去上学。

那时候喜欢玩"偷花贼"的游戏。一群小朋友手拉手圈围起来组成一朵花的形状，她总是做当时我们认为地位最娇贵的花蕊，被包裹在一群小朋友中间。

也发生过她不小心弄断我喜欢的尺子我很难过于是她就把自己的尺子让给我的故事。这样看起来仿佛可以顺理成章地发展成为两小无猜青梅竹马的成人故事。

可惜她只读了一年级，就随父母工作调动转到其他小学了。

以上，可以算做是幼年时期夭折的恋爱幻想么？

大学时期。

得知我晕车，所以在出租车上帮我捂住眼睛让我不会看见车窗外漂浮不定的路景，直到终点。

在拥挤的车内这个姿势对我们来说都不够自然。一路上有过几次颠簸，我努力地使自己的眼光不会逃脱出你小小的手掌。

不习惯吃水果。每天上课时你都会带一个洗好的苹果逼着我吃下去。

蛋糕店的位置满了，于是坐在教学楼旁边的花园过道里陪你过生日。

每次都要帮你吃饭。因为你老是吃不完，我就讲浪费粮食的人死后会被阎王的小兵抓去塞进磨里压成肉饼的故事，于是你就把没有吃完的东西都放在我的碗里来逃避责任。

毕业收拾东西的时候发现我的画板满身劣迹，上面都是你的铅笔涂鸦。

……是这样么？飞扬的会落下……王力宏歌词

天蝎……狮子……彼此的星座

有你就有我……没你也要有我……你逼迫我利用学生会主席的职权把你列入暑期下乡文艺活动的名单。

不等于我们……曾经坐在一起上课，你写了一句很长的歌名把我们俩的画板联系起来。你的那块上的是歌名的前三个字：两个人。

总会因为某件小事情而发生争执，开始学会为了避免争吵而减少对话。

梦见我家盖新房，周公说会和他人发生争执。于是一整天都没有和你见面，连你的电话都没有接。

打嗝时闻到的饭菜味道已不再相同。另一种洗衣粉的味道包裹住了熟悉的体味。

睡前的全身按摩已经被听音乐所代替。哪怕是翻几页书也不想一起看一部电影。

不敢再去小饭馆吃饭，因为老板总是会问你到哪儿去了。不用顾虑到你的挑食，各种食物都可以进入我的身体。不用担心走在路上你又被什么事物吸引过去而找不着你。

毕业的时候我们约定好不要再提起从前种种。不晓得你有没有狠下心忘记以前的一切，包括我送你的吉他薄片和你送我的青蛙拖鞋。

就算是无聊得发慌，你也不会出现在我的手机信息骚扰名单里。有好玩的笑话我也不会想讲给你听。冬天来了没有人继续拿着两双手套问我哪一双更好看。你也改掉了哪怕只是水杯拧不开这样的困难却一定要穿过很多个座位来找我帮忙的习惯。

你不再会害怕狗狗之类的凶猛动物。你不再会一个人去吃米线。

有人陪着一起上网打游戏看动画片肯定是件很开心的事情。

冬天来了，枕头边不再会出现室友冰凉的脚。

你熬的莲子八宝粥终于有亲爱的人一起分享。

他会和你一起做面膜吗？

他会每天睡觉前都跟你说晚安吗？

我想，他都会的吧。

有的时候，真的分不清楚，到底哪些是发生过的，哪些又是未来？

存在过的，是事实。

剩余的，叫做幻想。

落落

　　我的要求很低，只要对方比老子高就可以了（立刻砍掉了中国3/5的男人……）。

　　我的要求很低，只要对方不要浓眉大眼就可以了（……为什么要歧视浓眉大眼）。

　　我的要求很低，强烈希望对方不要像金城武一样英俊！（开始点名批评金英俊了……）

　　我的要求很低，只要对方懂得稍微多一点电脑知识就行（手写无罪啊！）

　　我的要求很低，如果对方不是处女白羊金牛天蝎天平双鱼摩羯水瓶狮子巨蟹双子就行（……就剩个射手）。

　　我的要求很低，幼儿园小朋友或八十耄耋无法接受（你想得美）。

　　我的要求很低，他是活的（……）。

　　长期宅人生活已经让我过分远离正常的生活圈，所以现在已经连包括上餐馆吃饭，购物，交水电费都不知道该如何出门行事了，当然也包括谈[●]爱。这数年的经历告诉我，不谈那个[●]爱也没什么关系。家里蹲的逍遥自在会在家里出现第二号人类生物后大打折扣。有着强烈自我主义精神的我，甚至很多时候无法接受在吃饭看书上网时身边有人说话。那么，至此，这段应该围绕"恋爱幻想"的主题似乎也就要变成如何"戳破恋爱幻想"了。不过，偶尔在看个把电影的时候，我也是会突然把头埋在枕头里，或者拿它抢墙，以掩盖心声——妈妈的，那对狗男女还真幸福……

　　大部分时候我所设想的[●]爱都出现在校园背景下，所以这对目前堪称大龄女青年的我来说已经是彻底的幻想了。男子高中生们的小腿遥远得九霄云外，我只能做一个在篮球场围杆外边吃烘山芋边流口水的猥琐女。只有女主角替换成另一个正常的少女后，才能假想他们的恋爱行动。

　　在上海这个人口到达1500（还是1700）万的大城市里，能找到空旷的地方是很不容易的——如果男方有本事领着女方去往有两个小时车程的金山，还要避免女方在车上呕吐的话，所以特别喜欢公园的我，也能找到没有老头老太在过分热闹地打太极或者跳扇子舞的角落。没错，我热爱的幻想场景就是特别普通的公园。

　　而我热爱幻想的，那个只要身高突出，相貌方面清秀就行，希望是射手座，其他只要普通人水准的男方，有花粉症的少年，摘下口罩。

　　这就是一种恋爱幻想的模式。

　　对于他喂她吃饭，或者她叫他老公之类，没有兴趣……我是宅人，不谈世俗的[●]爱已经很久，而我又是个靠写校园爱情吃饭的宅人，所以难免只能想象一些光有场景气氛而没有具体进展的恋爱。

　　但事实早已证明，很多[●]爱就是因为一两个片段而产生的。你看见他的某个举动，心里突然涌出无法言状的情绪，定定地看了很久，强制扭开头——即便世俗的[●]爱，也会很唯美地开头。

　　只要有心动的机缘就可以了，我幻想的恋爱，不需要怎样纠缠的过程，大龄女青年只需要一个摘口罩的（形容词略略略略略略略略）男性就可以了！

　　……真是好悲壮的一句怒吼啊！

小四篇

话说，在与这个题目面面相觑了足足三十分钟，我依然无法找准方向下笔之后，我深刻地想要追问，到底是他妈谁想的这个选题？（正在埋头审稿的痕痕幽幽转过头来，轻轻地说：你。说完她又幽幽地转回头去，继续看稿。）

好吧，就算是我吧……

但是，你们这些老男人老女人参加这种话题非常的适合，你们让我一个十八岁刚刚成年的少年，来参加这个关于恋爱，并且是恋爱幻想的选题，（痛心疾首地）你们摸摸自己的良心！你们过意得去么！你们不会良心不安么？！你们呕吐是什么意思？后悔了？内疚了？早干什么去了？……

好吧……我绕回正题……什么？你说我在凑字数骗稿费？靠！太侮辱人了。

骗稿费应该是这样的：

一.

二.

三.

四.

四点五……

……

（"够了！"排版排到这里的阿亮再也受不了，一把掀翻桌子，把电脑显示器举起来砸向正在做图的小西，然后扯过公司里的仙人掌用力扔向痕痕脸上，并且回过头抓着庆庆的头发狠狠地扇了他两耳光！"老娘再也受不了了！"然后尖叫着披头散发地冲出了公司……刚刚冲到走廊，就被保安一把掀翻按在了地上……）

好吧……我真的说正题了……

人们都说，要了解自己不了解的事情（……），一定要先从自己的身边的人开始学习。那么，当我回忆了一下我身边的人时，我不由得产生了浓厚的怀疑：我在哪儿？我出院了吗？

身边都是些精神不正常的人。

比如阿亮，在阿亮的谈天说地里，经常对我透露，老公不重要，一定要生一个漂亮的孩子，要好好把这个孩子培养成正太，然后变成诱受（……），然后变成女王受……老公就随意了，不在我的生活范围之内……

如果以阿亮的恋爱结婚观做为参考的话，那是绝对不行的。因为我恨死了小孩子，当他们流着鼻涕满身泥巴在我面前爬来爬去的时候，我整个人恨不得拿锅把他们盖起来……瞬间回想去年我回四川老家，表哥的儿子一岁多了，当我看见他歪歪倒倒满脸笑容地朝我跌跌撞撞而来的时候，感觉就像是一只耗子正在朝我冲来，于是我一把用力推开了他……

好吧，在阿亮的名字上画一个叉。（……你激动什么，我画了一个叉，我又没画一个框……）

比如痕痕，在痕痕粉红色少女的恋爱幻想泡泡里，我们看见了她对布拉德皮特的迷恋，于是大家肯定以为她的人生追求就是无数的帅哥环绕着自己。错了！你们错了！！

每一次只要聊到恋爱的话题，痕痕一定会以这样的论调作为总结，她说：找男人，一定要丑！一定要丑！不能帅！帅有什么用？帅了就出去偷吃！偷吃了还回来骗老娘！丑的安全!只要对我好，五十岁也行！只要对我好，金刚也行！

我每一次看见这么慷慨激昂的痕痕，我内心都充满了忧愁。我绝对不会娶一个丑的女人放在家里……我害怕每天一开门都尖叫一声……我也害怕将来我的小孩不再是美少年……他会被同学们取笑"你爸爸那么帅你怎么丑哦？"（……"够了"，正在看稿的痕痕回过头来，嘴里流淌出无数的呕吐物……）

所以，痕痕的名字，也被画一个叉。

而至于落落……如此癫狂的女人是没有任何参考价值的。

那么，我到底想要什么样的爱情呢？
我不由得发出了深深的思考……
首先，一定要瘦，因为如果是胖的女孩子，和我在一起，一定会每天都自卑，每天都苦瓜脸，每天都哭喊着"老娘要减肥"……所以为了我耳根清净，一定要瘦……

其次，一定要非常勤快，对于我这个从来不做家务，并且喜欢把东西随手一丢的人来说，一定需要一个非常善于主持家务的女主人。而且，可以每天一回家就有可口的饭菜，每天早上一起床就看见熨烫好的衬衣，每天晚上累了就会有一缸放好的热水，并且放好了浴盐。

然后呢，也要和我一样，不能急着生孩子……在我目前的年龄和心态下，我不保证我看见他朝我跑过来的时候，会不会打开窗子把他丢到阳台外面去。或者放进洗衣机里关着……（……被保安踩在脚下的阿亮歇斯底里地呐喊：不要啊~~~~）

在我表达完我的看法之后，痕痕想了一想，她说：其实你需要的就是一个年轻美貌的女佣人，并且可以满足你的性生活嘛……

哦！！NO！！！你们怎么可以对我这样刚刚成年的十八岁的四崽说出"性生活"这样的字眼来？你们太邪恶了！太剧烈了！哦闹！！！！……

所以，对于我而言，我是非常不适合来谈论这个话题的。一来年龄没到（……），二来我没什么人生经历（……）。

我想，随着时间的推移，光阴似箭，日月如梭，那句话怎么说来着？"一转眼！四崽的儿子都已经会打酱油了！"

所以，当我结婚的那天，当我有小孩的那天，我会一个人静静地跑去崇明森林公园，躲到没有人的地方，悄悄地哭泣……

CAST

主编：郭敬明【from C&A】
责任编辑：王平【from 春风文艺】

I5land 工作室

总体策划：郭敬明
美术总监：Mint.G
文字总监：郭敬明
文字编辑：落落 痕痕 阿亮
美术编辑：Mint.G adam.X Alice.L

特别鸣谢&友情协力：
Ryogi amim 庆庆 小叶 yeile【from C&A】
落落 七堇年 林汐 王小立 喵喵 知名不具 爱礼丝 喵喵【from C&A】
Money 林檎 大把银子【from Topnovel】
年年 开膛王子【from C&A】
Zebra 扫把 meiyou【from Topnovel】

图/meiyou

岛 vol.10 读者调查表

姓名：　　　　　　性别：　　　　　　　年龄：

通讯地址：

邮编：　　　　　　E-mail：

亲爱的读者，感谢您对《岛》的支持，请提供您宝贵的意见：

1. 您每月用于购买图书（包括杂志）的费用为多少？
□ 10元以下　□ 10-30元　□ 30-50元　□ 50元以上

2. 您是在何处购买到《岛》的？
□ 大型书店　□ 小型书店　□ 报亭书摊　□ 网络　□ 其他（具体＿＿＿＿＿＿＿＿＿＿）

3. 您每月平均购买几本书？
□ 3本以下　□ 3-5本　□ 5本以上

4. 您购买《岛》的原因：
□ 郭敬明主编　□ 封面吸引人　□ 觉得制作精美　□ 习惯性购买

5. 您觉的本辑《岛》的封面如何？
□ 喜欢　□ 不喜欢　□ 其他（具体＿＿＿＿＿＿＿＿＿＿＿）

《岛》内容调查

1. 您对本辑《岛》里文章的评价：
请用"√"选出您最喜欢的3篇文章 用"×"选出您最不喜欢的3篇文章

□ 你的一生如此漫长（郭敬明）　　　　□ 逢魔（落落）

□ 月光下我记得（七堇年）　　　　　　□ 比想象更欢乐（林汐）

□ 光魇（王小立）　　□ 序的第一章节（喵喵）　　□你是哆啦A梦（Money）

□ 光阴的两岸（菩提萨缍）　□ 六SIX（项斯微）　　□ 森林里没有音乐了（扫把/大把银子）

□ 石头（年年）　　　□ 南向冒险家（爱礼丝）

喜欢的理由：

不喜欢的理由：

2．您觉得本辑《岛》文章的总体质量如何？

□ 非常喜欢 □ 喜欢 □ 一般 □ 不喜欢

3．您觉得本辑《岛》图片的总体质量如何？

□ 非常喜欢 □ 喜欢 □ 一般 □ 不喜欢

4．您希望《岛》上出现谁的文章？

请列举：

5．您希望在本书看到什么栏目？

6．您是否也同时购买了《最小说》？

7．您希望《岛》再做哪些方面的改进？

畅所欲言（可加附纸）：

自画像

《岛》书系正式对外征稿

稿件要求

一、文字类投稿

1. 小说类：体裁内容风格不限。内容无暴力色情描写，无政治、宗教倾向，温暖而美好的文字优先采用，篇幅在3000~8000字之间。

2. 散文类：记录生活，感悟人生，有感而发的都可以写哦，篇幅在1000~3000字之间。

二、图片类投稿

1. 相关插图及摄影应征：可以投递个人代表插图小样5张，附上个人联系方式跟简历，如果风格合适画技出众会有相关编辑主动与你取得联系。

2. 图片投稿者请先投递小样，尺寸为书的实际尺寸（16.8×23.5cm）跨页为（33.6×23.5cm）。

3. 也可以采用光盘投稿，但是请在信封外注明"图片投稿"字样。采用传统邮寄方式的稿件请自留底片和原稿，来稿不退。

三、投稿须知

以上文字和图片类投稿作者不得一稿多投，两个月内没有收到答复可以另行处理。投稿时请注明所投栏目，并留下自己的真实姓名、笔名、联系方式，以便我们与您取得联系。

稿件授权声明：

凡向《岛》投稿获得刊出的稿件，均视为稿件作者自愿同意下述"稿件授权声明"之全部内容：

1. 稿件文责自负：作者保证拥有该作品的完全著作权（版权），该作品没有侵犯他人权益；

2. 全权许可：《岛》书系有权利以任何形式（包括但不限于纸媒体、网络、光盘等介质）编辑、修改、出版和使用该作品，而无须另行征得作者同意，亦无须另行支付稿酬；

3. 独家使用权：未经过上海柯艾文化传播有限公司书面同意，作者不同意任何单位和个人以任何形式（包括但不限于纸媒体、网络、光盘等介质转载、张贴、结集、出版）使用该作品，著作权法另有规定的除外。

版权声明：

1. 本刊物登的所有内容（转载部分除外），未经过上海柯艾文化传播有限公司书面同意，任何单位或个人不得以任何形式（包括但不限于纸媒体、网络、光盘等介质转载、张贴、结集、出版）使用该作品，著作权法另有规定的除外。

2. 凡《岛》转载的作品未能联系到原作者的，敬希望作者见书后及时与工作室联系，以便奉寄样书和支付稿酬。

四、投稿方式

1. 邮寄地址：上海市大连路950号1505室 邮编（200092）

2. 电子投稿（推荐）——

文字投稿信箱：wen1@zuibook.com wen2@zuibook.com wen3@zuibook.com

图片投稿信箱：pic@zuibook.com

五载风雨路 未来更精彩

青春·扬花·念念不忘
布老虎青春文学
五年华彩精选

一流作者，
一流文字，
我们的青春，
我们的文学！

总有新期待的……

布老虎青春文学

布老虎青春文学新奉献

我们共同的青春故事

鲍尔金娜的小说庄园

五年华彩 粲然绽放

姐妹花的迥异人生

半熟少年的情事

绝色早慧奇女子

书写上海女孩的友谊、
死亡和爱情

著名作家马原、
虹影强力推荐

郭敬明做序推荐：读
《绝杀》如中魔法

爱书，趁青春年少

布老虎青春书友会

入会方式：

会员交纳 10 元会费，或一次性从书友会邮购不少于 100 元（以图书定价计算）的书刊。

会员权利：

1. 获得精美爱书卡。2. 邮购春风文艺版图书，享受最高 30% 的优惠折扣。另不定期推出三至六折的特惠图书。3. 获赠内容丰富、图文并茂的书友会会刊。全年四期。4. 免费参加书友会组织的有奖征文、笔会及其他活动。5. 向会刊投稿，采用后赠以书友会指定书刊作为奖励。6. 向《布老虎青春文学》投稿优先审阅，优先发表或提出具体意见退还。7. 免费掉换有质量问题的图书。8. 免费寻书。9. 向书友会提出合理化建议或建设性意见。

（详见《布老虎青春书友会章程》，对加入书友会感兴趣的朋友可以写信或发 Email 给我们，告知您的联系地址及邮编，我们会寄给您会刊一本。）

布老虎青春书友会

地址： 沈阳市和平区十一纬路 25 号　　**邮编：** 110003

电话：（024）23284393　　　　**传真：**（024）23284393

Email：qingchunbook@126.com

《布老虎青春文学》订阅、邮购启事

《布老虎青春文学》是春风文艺出版社主办的一份全新的青春文学杂志。2004 年推出两期试刊，定价各为 8 元。2005 年正式创刊，定价调为 6 元。《布老虎青春文学》从 2006 年起交辽宁省邮政局报刊发行局发行，邮发代号为 8-576，欢迎大家通过邮局订阅。整订、破订均可。大家也可以在各地大书店和一些报刊零售门市买到本刊。同时欢迎邮购。2008 年全年 6 期，年价 36 元（一次性邮购全年刊物可享受优惠价 32 元）。平邮免邮费，挂号每邮寄一次另加挂号费 3 元。集体邮购五份以上，除免一切邮挂费外，还可享受八折优惠（每册 4.8 元）。请在汇款单附言处写清期别与册数。

邮购地址： 沈阳市和平区十一纬路 25 号《布老虎青春文学》编辑部

邮　编： 110003　　**咨询电话：**（024）23284393

2008 年《布老虎青春文学》更精彩！

布老虎青春文学重点书目

谢谢您对我们的关注和支持。

以上图书，欢迎到各大书店购买。也可向出版社邮购。请在书款外另加发送费4元。一次性邮购图书按定价计算超过100元即可加入布老虎青春书友会，而且本次购书即可享受八折优惠。请在汇款单附言处写清所购书名及册数，汇款至：沈阳市和平区十一纬路25号布老虎青春书友会

邮　　编：110003

咨询电话：（024）23284393

Email：qingchunbook@126.com

《岛》书系邮购启事

邮购《岛》书系任意六本即可获郭敬明最新亲笔签名靓照或极具纪念意义的限量签名海报，总价105元（含挂号费）。数量有限，欲购从速。《岛》书系现已出版十本，分别是《岛·抵步》《岛·陆眼》《岛·锦年》《岛·普瑞尔》《岛·埃泽尔》《岛·泽塔》《岛·瑞雷克》《岛·天王海王》《岛·庞贝》《岛·银千特》。

特别提示：如决定购买，请务必打电话或发E-mail，确认还有签名照片或海报可以提供后，再汇款。我们的工作时间是周一至周五的8:00—11:30 13:30—17:00。

咨询电话：024-23284393　　E-mail:qingchunbook@126.com

地址：沈阳市和平区十一纬路25号春风文艺出版社　邮编：110003

收款人：布老虎青春书友会